高等学校碳中和城市与低碳建筑设计系列教材

高等学校土建类专业课程教材与教学资源专家委员会规划教材

丛书主编　刘加平

低碳居住建筑设计

Low-Carbon
Residential Building Design

张倩　刘东卫　王芳　主编

中国建筑工业出版社

图书在版编目（CIP）数据

低碳居住建筑设计 = Low-Carbon Residential Building Design / 张倩，刘东卫，王芳主编 . -- 北京：中国建筑工业出版社，2024.12. --（高等学校碳中和城市与低碳建筑设计系列教材 / 刘加平主编）（高等学校土建类专业课程教材与教学资源专家委员会规划教材 / 刘加平主编）. -- ISBN 978-7-112-30505-6

Ⅰ . TU241

中国国家版本馆 CIP 数据核字第 2024U8J128 号

为了更好地支持相应课程的教学，我们向采用本书作为教材的教师提供课件，有需要者可与出版社联系。
建工书院：https://edu.cabplink.com
邮箱：jckj@cabp.com.cn　电话：（010）58337285

策　　划：陈　桦　柏铭泽
责任编辑：葛又畅　陈　桦　王　惠
责任校对：张惠雯

高等学校碳中和城市与低碳建筑设计系列教材
高等学校土建类专业课程教材与教学资源专家委员会规划教材
丛书主编　刘加平

低碳居住建筑设计
Low-Carbon Residential Building Design
张倩　刘东卫　王芳　主编
*
中国建筑工业出版社出版、发行（北京海淀三里河路9号）
各地新华书店、建筑书店经销
北京海视强森图文设计有限公司制版
北京中科印刷有限公司印刷
*
开本：787毫米×1092毫米　1/16　印张：12　字数：230千字
2024 年 12 月第一版　2024 年 12 月第一次印刷
定价：59.00元（赠教师课件）
ISBN 978-7-112-30505-6
（43878）

《高等学校碳中和城市与低碳建筑设计系列教材》
编审委员会

《高等学校碳中和城市与低碳建筑设计系列教材》

总序

党的二十大报告中指出要"积极稳妥推进碳达峰碳中和，推进工业、建筑、交通等领域清洁低碳转型"，同时要"实施城市更新行动，加强城市基础设施建设，打造宜居、韧性、智慧城市"，并且要"统筹乡村基础设施和公共服务布局，建设宜居宜业和美乡村"。中国建筑节能协会的统计数据表明，我国 2020 年建材生产与施工过程碳排放量已占全国总排放量的 29%，建筑运行碳排放量占 22%。提高城镇建筑宜居品质、提升乡村人居环境质量，还将会提高能源等资源消耗，直接和间接增加碳排放。在这一背景下，碳中和城市与低碳建筑设计作为实现碳中和的重要路径，成为摆在我们面前的重要课题，具有重要的现实意义和深远的战略价值。

建筑学（类）学科基础与应用研究是培养城乡建设专业人才的关键环节。建筑学的演进，无论是对建筑设计专业的要求，还是建筑学学科内容的更新与提高，主要受以下三个因素的影响：建筑设计外部约束条件的变化、建筑自身品质的提升、国家和社会的期望。近年来，随着绿色建筑、低能耗建筑等理念的兴起，建筑学（类）学科教育在课程体系、教学内容、实践环节等方面进行了深刻的变革，但仍存在较大的优化和提升空间，以顺应新时代发展要求。

为响应国家"3060"双碳目标，面向城乡建设"碳中和"新兴产业领域的人才培养需求，教育部进一步推进战略性新兴领域高等教育教材体系建设工作。旨在系统建设涵盖碳中和基础理论、低碳城市规划、低碳建筑设计、低碳专项技术四大模块的核心教材，优化升级建筑学专业课程，建立健全校内外实践项目体系，并组建一支高水平师资队伍，以实现建筑学（类）学科人才培养体系的全面优化和升级。

"高等学校碳中和城市与低碳建筑设计系列教材"正是在这一建设背景下完成的，共包括18本教材，其中，《低碳国土空间规划概论》《低碳城市规划原理》《建筑碳中和概论》《低碳工业建筑设计原理》《低碳公共建筑设计原理》这 5 本教材属于碳中和基础理论模块；《低碳城乡规划设计》《低碳城市规划工程技术》《低碳增汇景观规划设计》这 3 本教材属于低碳城市规划模块；《低碳教育建筑设计》《低碳办公建筑设计》《低碳文体建筑设计》《低碳交通建筑设计》《低碳居住建筑设计》《低碳智慧建筑设计》这 6 本教材属于低碳建筑设计模块；《装配式建筑设计概论》《低碳建筑材料与构造》《低碳建筑设备工程》《低碳建筑性能模拟》这 4 本教材属于低碳专项技术模块。

本系列丛书作为碳中和在城市规划和建筑设计领域的重要研究成果，涵盖了从基础理论到具体应用的各个方面，以期为建筑学（类）学科师生提供全面的知识体系和实践指导，推动绿色低碳城市和建筑的可持续发展，培养高水平专业人才。希望本系列教材能够为广大建筑学子带来启示和帮助，共同推进实现碳中和城市与低碳建筑的美好未来！

丛书主编、西安建筑科技大学建筑学院教授、中国工程院院士

前言

"十四五"期间是我国落实深化"双碳"战略的重要时期，居住建筑是城乡各地建设量最大的建筑类型，其在建造、使用过程中的能源消耗和碳排放量均仅次于交通业而位居各行业前列，居住建筑的低碳营建对达成我国"3060"双碳目标的影响至关重要。

本教材响应"3060"双碳目标，面向城乡建设碳中和新兴产业领域创新人才培养需求，优化升级居住建筑设计原理课程的理论教学内容。面向低碳居住建筑发展目标，以低碳居住建筑设计全过程为线索，系统介绍低碳居住建筑的相关知识、设计基本原理、设计方法，理论与实践相结合，图文并茂。本教材共有6个章节，第1章绪论，介绍低碳居住建筑的发展背景以及低碳居住建筑国内外发展历程、发展现状与发展趋势，明确低碳居住建筑"开源、节流、长寿"三个维度的发展目标；第2章居住建筑低碳设计方法，以"长久可变、降碳节能、资源循环"为低碳设计目标，重点介绍多要素协同的规划设计方法与建筑适应性设计方法；第3章居住建筑低碳技术措施，从可再生能源利用、低碳用材与建造技术、室内环境调控技术三个方面介绍适宜居住建筑的低碳技术措施；第4章既有居住建筑低碳改造设计方法，以"节能减排、房屋延寿、品质提升"为低碳改造目标，从性能提升、功能提升、环境整治三个方面介绍低碳改造设计方法；第5章低碳居住建筑发展与未来，介绍技术革新对居住建筑的影响以及面向未来的国内外建筑法规与政策，倡导低碳社区建设并引导低碳的生活方式；第6章低碳居住建筑案例，结合国内外城市与乡村、新建与改造的实践案例，介绍低碳居住建筑的建设与实践。

本教材为教育部战略性新兴领域"十四五"高等教育教材体系西安建筑科技大学"高等学校碳中和城市与低碳建筑设计系列教材"之一，由西安建筑科技大学与中国建筑标准设计研究院有限公司联合编写，主编张倩、刘东卫、王芳，联合主编李焜、何泉、党雨田、王毛真、秦姗、李静。西安建筑科技大学吴济琳博士、关宇鑫博士完成了资料整理与制图方面的协助工作。教材编写得到中国建筑工业出版社的大力支持，同时获得东南大学鲍莉老师的审稿与指导，以及绿色建筑全国重点实验室绿建基础研究中心、西安建筑科技大学零能零碳建筑团队、西安建筑科技大学陕西高校青年创新团队"西北地域绿色建筑研究创新团队"、2021中国国际太阳能十项全能竞赛栖居3.0赛队、西安交通大学虞志淳教授等高校老师和设计院所设计师在资料提供和编写方面的多方协助，在此表示衷心的感谢。

截至 2024 年 11 月，本教材在碳中和城市与低碳建筑设计虚拟教研室配有核心示范课程和课件 5 节，实践项目 10 项，很好地完成了纸数融合的课程体系建设，可供教学参考。

　　当今建设领域发展迅猛，本教材编写受限于时间和学识水平，不当与误漏之处在所难免，敬请广大业内同仁与师生批评指正。

目录

第1章

绪论

1.1 低碳居住建筑的发展背景	1.1.1 全球变暖与生态环境恶化	地球环境问题	碳排放
	1.1.2 全球资源、能源枯竭	可持续发展理念	能源消耗
	1.1.3 住房建设领域可持续发展	建筑长寿化	建设产业化
		绿色低碳化	品质优良化

1.2 低碳居住建筑国外发展历程	1.2.1 英国	1.2.2 德国	1.2.3 美国	1.2.4 日本

1.3 低碳居住建筑国内发展现状	1.3.1 节能居住建筑发展时期	1.3.2 绿色居住建筑发展时期	1.3.3 低碳居住建筑发展时期
	1.3.4 低碳居住建筑的发展目标	开源　节流　长寿	

1.4 低碳居住建筑发展趋势	1.4.1 近零能耗居住建筑	1.4.2 零能耗居住建筑	1.4.3 零碳居住建筑

20 世纪以来，随着世界科技的迅速发展，在经济高速增长的同时，伴随着人口的大量增加和社会经济活动的不断扩大，产生了大量的生产和大量的消费，一方面极大地消耗了地球的不可再生能源和有限的资源，同时也产生了大量的废弃物。在这个过程中，需要不断地通过生物循环吸收来降低对自然环境的负荷，导致自然界的生态平衡遭到破坏。人类社会的进步发展所带来的负面影响引发了一系列的地球环境问题，大量的建设活动所产生的碳排放量进一步加剧了环境的恶化，建设领域的绿色低碳可持续发展迫在眉睫。

1.1.1 全球变暖与生态环境恶化

地球环境问题中最严重的是地球变暖、臭氧层破坏、酸雨、海洋污染、生物物种减少、森林面积减少、沙漠化等。根据联合国政府间气候变化专门委员会（IPCC）的报告，在 1990~1997 年间二氧化碳的排放量约增加了 12 倍，其间地表的平均气温上升（0.6±0.2）℃，据此预测，到 21 世纪末，地表的平均气温将上升 1.4~5.8℃。地球变暖引起的气候变化，不仅对自然生态系统造成影响，而且还引发了洪水、旱情等自然灾害，更加加剧了生态环境的不断恶化，形成恶性循环。导致这样的现实出现的原因，很大程度上是伴随经济水平的发展出现的大量建设活动，其过程产生了巨大的碳排放量，使得生态环境无法自我调节，原本的平衡不得不被打破（图 1-1）。

我们居住在地球上，在与自然共处的同时，也建造了人类的建筑世界，建筑为我们提供了住所、工作和娱乐场所，但是建筑也给我们这个星球带来

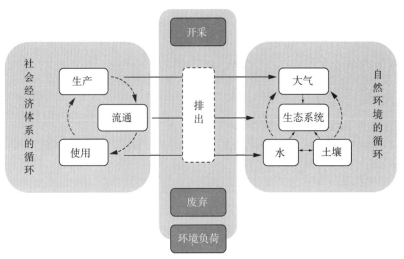

图 1-1　自然环境和社会经济体系的循环
图片来源：改绘自清家刚，秋元孝之.可持续性住宅建设 [M].陈滨，译.北京：机械工业出版社，2007.

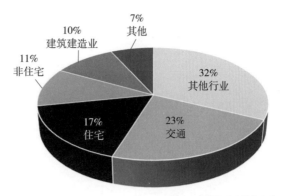

图1-2 各行业碳排放占比

图片来源：仇保兴在"2022（第十八届）国际绿色建筑与建筑节能大会"中《城市双碳战略与绿色建筑》的演讲报告.

了问题，如大量的能源消耗和温室气体排放，尤其是碳排放。根据2022年的统计，中国的二氧化碳排放量占全球的30.7%，其中建筑产生的二氧化碳排放量占中国总碳排放量的50.9%。居住建筑作为建筑碳排放的重要来源，从建筑物开始建造到入住，再到建筑物维护、改造、拆除的整个建筑生命周期中，均产生一定的碳排放。国家统计局2022年数据显示，住宅建筑直接、间接的碳排放量约占国家总碳排放量的17%，是碳排放量的重大源头行业，也是唯一一项被单独统计的行业（图1-2）。因此，要从居住建筑的建设活动入手，降低过程中产生的碳排放量，为从根本上改善生态环境的恶化做出贡献。

1.1.2 全球资源、能源枯竭

20世纪60年代兴起的"绿色建筑"运动和20世纪90年代的可持续发展理念要求建筑关注对环境的保护，抵制高强度开发带来的城市扩张，主张使用无污染、可再生利用、可再循环的材料，这种理念旨在发展一种建筑与自然环境之间的和谐关系。

建筑从建造到拆除的全生命周期中，始终伴随着各种能源的消耗，如电、城市煤气、汽油、液化气等，这些能源被称为二次能源，都是由石油、煤炭、核能、天然气等一次能源提供的，这其中绝大多数都是来自于地球的不可再生能源，是经过亿万年形成、短期内无法恢复的能源。而能源消费量与建筑活动呈正比，随着各类建筑活动的不断扩大，能源需求量不断增加，资源的枯竭将是我们面临的一个严峻问题。

国家统计局2022年数据显示，住宅建筑的能源消耗占我国能源消耗总量的22%（图1-3），占所有建筑活动能耗的六成多，仅次于能耗最大的交通行业，排列在能耗行业的第二位。为了应对未来资源、能源枯竭的问题，在

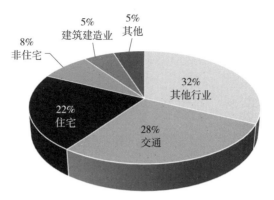

图1-3 各行业能源消耗占比
图片来源：仇保兴在"2022（第十八届）国际绿色建筑与建筑
节能大会"中《城市双碳战略与绿色建筑》的演讲报告.

居住建筑的建设活动中寻求更加高效、更加绿色的新型资源与能源，并加以合理应用，挖掘新型的居住建筑建设模式，从源头上改善资源与能源枯竭的问题，是居住建筑建设领域的重大责任。

1.1.3 住房建设领域可持续发展

自21世纪以来，随着全球变暖与生态环境恶化、地球资源与能源枯竭等问题的不断加剧，建筑业的建设活动所产生的高能耗与高污染正在打破人与自然和谐共生的平衡关系。改革开放以来，我国每年新建和既有住宅建筑量激增，全国城镇住宅存量面积从1978年的14亿 m^2 跃升至2022年超过650亿 m^2，人均住房面积从1978年6.7m^2 增加至2022年的44m^2，接近英、法、日、德等国家45m^2/人的标准，标志着我国已经告别了住房短缺的时代（图1-4）。在快速增量建设的同时，住房也呈现出过度开发、一味追求高速、

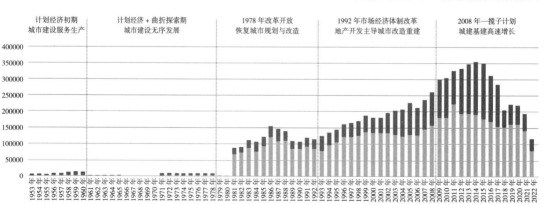

图1-4 1953~2022年我国历年房屋竣工面积
图片来源：根据国家统计局数据自绘.

批量建设，以及建成之后的低品质和短寿化问题，加深了建筑业与自然界之间的矛盾，严重制约了住宅建设领域的可持续发展。

为了解决目前所面临的挑战，住房建设要以新理念、新模式为导向，在新建建筑建设与既有建筑改造领域，以科技创新为动力，基于建筑工业化及产业化，不断健全完善标准体系、技术集成，追求居住建筑的高品质与长寿化，推行百年住宅建设，走绿色低碳的可持续发展之路，推动住宅产业的可持续发展，是当前住房建设的重要任务（图1-5）。

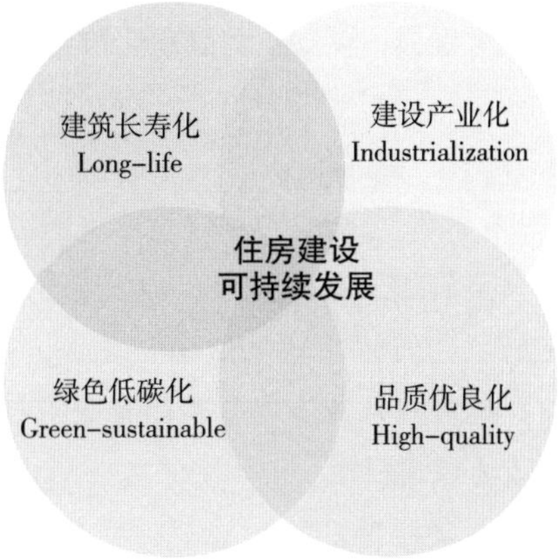

图1-5　住房建设可持续发展的内容
图片来源：编写组自绘.

随着人类社会、经济的发展，对自然和自身认识的不断提升和改变，人们对建筑及其对地球资源和自然环境影响的关注也在不断变化。自20世纪70年代石油危机之后，全球建筑领域相继提出了生态建筑、节能建筑、绿色建筑、可持续建筑、低碳建筑等概念，各国相继发展出了各自特色的地域技术和完善的法律法规体系，并在实践中不断完善。近年来，随着地球环境问题层出不穷，如何应对并有效缓解地球资源与能源消耗过快、生态环境不断恶化的现实，居住建筑作为全球建设量最大的建筑类型，在建设和使用过程中节能减排、充分发挥建设效益，成为居住建筑建设领域的首要目标。低碳居住建筑不仅延续了节能、低能耗建筑技术，并以降低建筑全生命周期的碳排放为目标，更加契合当前全球建筑业可持续发展的导向。

1.2.1 英国

英国由于其地理特点以及经济发展较早等原因，对环境问题尤为关注，是绿色建筑起步较早的国家之一，在当前的低碳建筑领域处于世界领先地位，具备完善的法规体系和有效的减排技术支撑，低碳建筑的常态化发展已经成为建筑日常。

英国早期的绿色建筑注重自然通风组织，充分利用可再生能源与雨水资源，通过被动式设计策略实现建筑的可持续性。1971年剑桥大学亚历山大·派克开始自维持住宅的研究，通过建筑自我供给减少对外部能源的消耗。1991年威尔夫妇出版的经典著作《绿色建筑：为可持续发展的未来而设计》，为后来英国绿色建筑的发展提供了理论指导。

21世纪以来，英国在居住建筑方面更加注重新材料与新技术的利用，提升建筑性能，降低建筑能耗，充分利用可再生能源。以先进的结构、设备、材料和工艺建立高效的围护结构和暖通系统，创造促进建筑节能和优化室内环境品质的微气候、亚生态系统，如2002年贝丁顿零碳社区、2015年布里斯托的哈汉姆（图1-6）、诺丁汉生态住宅（图1-7）、哈万特生态住宅（图1-8）等。

近年来，英国的研究重心由绿色建筑、生态建筑转向低碳建筑，更加着重于降低建筑全生命周期的二氧化碳排放量，以降低建筑对环境气候的影响。英国政府于2003年提出低碳经济理念，2006年启动低碳建筑计划，2009年发布《2009年降低碳排放白皮书》，主张减碳促增长，当前低碳建筑、生态住区在英国已成为新公共建筑和住宅项目的主流。其2016年已经实现新建居住建筑零碳排放，引领了低碳居住建筑的发展。

在法律法规层面，英国自1965年开始陆续出台建筑节能相关的条例和标准。1990年出台了世界第一个绿色建筑评估体系——"英国建筑研究院环

（a）建筑外观 （b）建筑群体

图 1-6　布里斯托的哈汉姆（Hanham Hall）

图片来源：西安交通大学虞志淳教授.

图 1-7　诺丁汉生态住宅

图片来源：西安交通大学虞志淳教授.

图 1-8　哈万特生态住宅

图片来源：西安交通大学虞志淳教授.

境评估方法"（BREEAM），2006 年公布了可持续住宅标准（CSH），2008 年通过了《气候变化法案》。英国自 2008 年起，要求所有住宅都必须获得能源性能证书（EPC）。这些证书基于建筑性能的设计阶段模型，从 A 级（效率最高）到 G 级（效率最低）；住宅的效率越高，供暖费用就越低。EPC 不包括电器使用的能源。EPC 还附有一份说明，建议采取何种措施来提高建筑物的能效等级。英国低碳建筑发展到今天，从法律法规、评估体系到指导手册均非常健全，保障了节能减排技术与低碳建筑在实践中的贯彻实施。

1.2.2　德国

德国因石油资源匮乏几乎完全依赖进口，在 20 世纪 70 年代的石油危机中，德国曾一度只能依赖碳排放量极大的煤炭和环境隐患巨大的核能提供主要能源。因此，石油危机之后，德国政府从 20 世纪 70 年代末开始立法限制建筑能耗，并出台政策扶植新能源使用。

在法律法规层面，1977 年第一部《保温条例》严格规范了建筑的保温构造做法，随后多次修改提出改进的标准。2002 年颁布执行具有里程碑意义的《节能条例》，其中制定了渐进但雄心勃勃的节能目标，提出更全面的建筑节能评价体系。2008 年正式提出了德国绿色建筑评价标准（DGNB）。

依托一系列法规条例的指导，德国在低能耗建筑的基础上发展出了被动式建筑（图 1-9），即不需要传统的供暖和空调系统就能够在冬季和夏季实现室内舒适物理环境的建筑物。被动式住宅（以下简称被动房）就是其中的一种建筑类型，具有高效的隔热层、隔热窗、热回收功能，符合被动房的所有特点和标准，在达到舒适室内环境性能的同时也降低了对环境的碳排放。自 1991 年第一座被动房在德国达姆施塔特市克赖尼斯坦社区建成以来，该技术已实现在德国、奥地利、瑞士等国家超过 8000 多栋房屋中使用。据欧盟的最新规定，2020 年以后所有新建住宅如果设计不能达到被动房的标准，将不予发放开工建设许可证，极大地推动了低碳住宅在欧洲的建设发展。

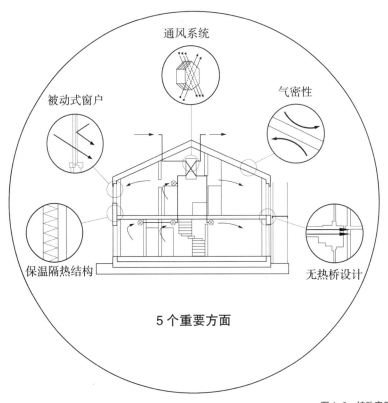

图 1-9 被动房示意图

1.2.3 美国

20 世纪 70 年代末至 80 年代初，能源危机促使美国政府开始制定能源政策并实施能源效率标准，此后一系列的法律法规相继出台，如 1975 年颁布实施了《能源政策和节约法》，1992 年制定了《国家能源政策法》，1998 年公布了《国家能源综合战略》，2005 年出台了《能源政策法案》，对于各行业提高能源利用效率、更有效地节约能源起到了至关重要的作用。2007 年以后又相继出台了《节能建筑法案》《能源独立与安全法案》《美国能源法》等，进一步完善了低碳节能相关的法律法规体系。

美国绿色建筑协会在 1998 年建立并推出了《绿色建筑评估体系》（LEED），在当前世界各国的各类建筑环保评估、绿色建筑评估以及建筑可持续性评估标准中，《绿色建筑评估体系》被认为是最完善、最具影响力的评估标准之一，也成为世界各国建立绿色建筑及可持续性评估标准参照学习的范本之一。该评估体系的认证评价要素包含可持续场地评价（Sustainable Sites）、建筑节水（Water Efficiency）、能源利用与大气保护（Energy & Atmosphere）、材料与资源（Materials & Resources）、室内环境质量（Indoor Environmental Quality）、创新设计流程（Innovation & Design Process）六大部分，设立四个等级。在 2000 年，又出台了美国 LEED 体系的住宅版本 LEED V2.0 体系，该评估体系包括七项指标，其中前五项指标均为建筑环境性能指标，即选择可持续发展的建筑场地、节水、能源和大气环境、材料和资源、室内环境质量，还包括符合能源和环境设计先导（LEED）的创新得分、经过能源和环境设计先导（LEED）认证的专企人员两项指标，极大地推动了低碳居住建筑的建设与实践，也是我国住宅绿色评估体系主要的借鉴对象之一。

在美国，国家层面的现行标准主要包括《国际节能规范（IECC）》（2021）、《除低层建筑外的建筑能源标准住宅建筑》（ANSI/ASHRAE/IES Standard 90.1，2019）、《高性能绿色建筑设计标准》（ANSI/ASHRAE/ICC/USGBC/IES Standard 189.1，2020）。其中，IECC 和 Standard 90.1 是美国国会根据《节能与生产法案》（ECPA）认可的住宅和商业建筑国家标准，也是大多数州建筑能源法规的基础。以上两个标准每三年更新一次，这些标准的定期更新要求不断强化和技术改进（图 1-10）。2021 年的 IECC 版本涉及更新 35 栋住宅建筑的能源使用要求，包括使用高效照明、增加外墙保温、增加屋顶保温、提高门窗 U 值、提高机械通风扇效率、热回收通风和自然采光等。与 2018 年版本相比，这些新增内容可节省终端能源 9.38% 和减少碳排放 8.66%。与 2016 年版 90.1 标准相比，2019 年版增加了 88 项补充条款，涉及建筑围护结构、暖通空调、热水、照明等设备的设计和施工要求，可节省终端能源消耗 4.7%、减少碳排放 4.2%，从而为逐步实现净零排放奠定了技

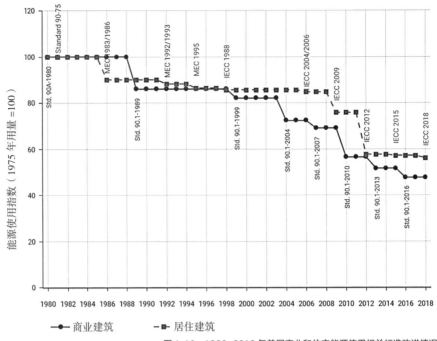

图 1-10　1980~2018 年美国商业和住宅能源使用相关标准改进情况

图片来源：New Building Institute. Local Governments Vote Resoundingly for Improved National Energy Codes [EB/OL]（2019-12-20）[2022-09-20]. https://newbuildings.org/local-governments-vote-resoundingly-for-improved-national-energy-codes/.

术基础，保障了零碳市场在美国的稳步推进。

在低碳居住建筑的建设中，美国独栋住宅围绕建筑的供暖、制冷、通风等机械系统，将热源、空调等机械设备放在住宅中心位置，大大减少了管线总长度和热量损失。同时将房屋的墙体和屋顶严格密封起来，运用双层空间隔绝系统，减少房屋的热损耗，增强围护结构的气密性，有效实现节能目标。同时，美国制造业位居世界前茅，具有各产业协调发展、劳动生产率高、产业聚集、要素市场发达、国内市场大等特点，极其发达的工业化水平直接影响住宅的建设与发展。美国的住宅用构件和部品的标准化、系列化、专业化、商品化、社会化程度很高，几乎达到 100%，使得住宅在建造时施工方便、省时、省工，有效降低能源消耗。

1.2.4　日本

在 20 世纪 70 年代石油危机的冲击下，日本建筑行业开始了"节能住房"的探索和尝试。二十世纪八九十年代随着节能、可持续等理念的发展，日本颁布《节能法》，加入了《联合国气候变化框架公约》，积极推动《京都议定书》议程。此后，居住建筑的各项碳排放问题在日本国内受到广泛关注。

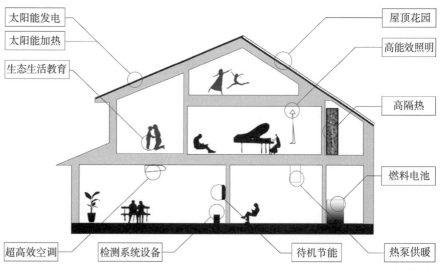

太阳能发电	屋顶花园
太阳能加热	高能效照明
生态生活教育	高隔热
	燃料电池
超高效空调　检测系统设备	待机节能　热泵供暖

图 1-11　日本低碳建筑构想
图片来源：编写组自绘.

　　1992 年，日本环境共生住房促进委员会开始提倡建设"环境共生住宅"，即"从保护全球环境的角度出发，充分考虑能源与资源节约、废物利用并与周围自然环境融为一体的住宅"。2000 年以后，日本开始从"可持续发展"向"循环型社会经济发展"理念转变，提出了"减量化"（Reduce）、"再使用"（Reuse）、"再生循环"（Recycle）的 3R 原则。2001 年，日本政府制定了"建筑物综合环境性能评价体系"（CASBEE），评价建筑物在限定的环境性能下，通过采取措施降低环境负荷的效果。2005 年日本建筑学会提出了把可持续和住房、建筑融为一体的"可持续住宅"，这样的住房既是"节省能源和资源、建造材料可回收并最大限度地减少有毒物质的排放"，又是与"周围环境相协调，在维持和改善人类生活质量的同时具有保持当地生态系统能力的住宅"（图 1-11）。此后，日本又在 2012 年制定了《低碳都市促进法》，以政策手段推行低碳建筑认证，通过低碳认证的建筑，可以获得相应政策优惠，在实施层面具有较强的可操作性，引导住房建设积极响应低碳建设的要求。

　　与此同时，日本的住宅建设也从另一个维度——建筑长寿化方面不断推进。20 世纪 90 年代制定了《住宅质量确保法》《关于促进长期优良住宅普及的法律》等法律法规。1996 年日本住宅公团开始进行高耐久性住宅技术的研究，以开放建筑理论和 SI 体系（Skeleton Infill）作为指导，推动城市居住建筑的系统化、周期化、多样化发展，探索了住宅的长寿化命题（图 1-12）。在住宅建设中，通过灵活可变的改造更新在住宅全寿命周期适应不同住户、不同阶段生活的变化要求，并始终保持高品质的居住空间质量，使住宅具有长期优良的特性，避免了大拆大建，延长了住房寿命，其环境友好型的集成技术、高强度高耐久结构技术与长寿化技术体系极大地增强了住宅的一次性开发建设、循环改造再利用的经济效益和社会效益，以面向未来的长远眼光实现循环型低碳社会建设的发展需求。

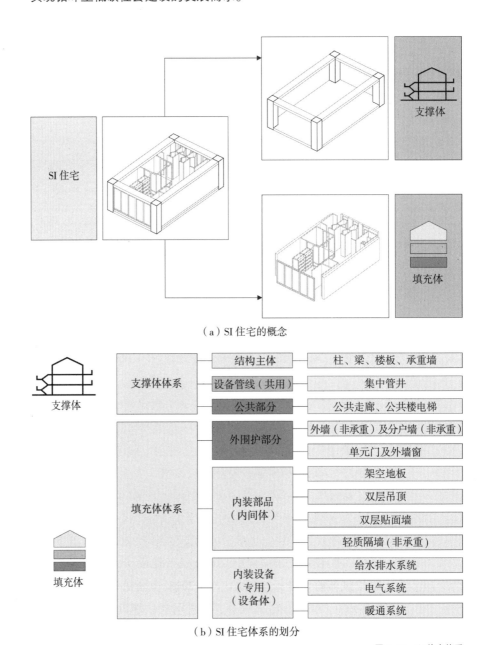

（a）SI 住宅的概念

（b）SI 住宅体系的划分

图 1-12　SI 住宅体系

图片来源：刘东卫 .SI 住宅与住房建设模式 体系·技术·图解 [M]. 北京：中国建筑工业出版社，2016.

随着全球节能建筑、生态建筑、绿色建筑、可持续建筑、低碳建筑等理念的推进发展，我国从 20 世纪 80 年代逐步开展了相关的政策制定和研究实践。自 21 世纪以来，居住建筑的节能减排、绿色低碳等方面的法律法规与行业规范逐渐完善，相关技术也在实践中不断成熟，取得了丰硕的建设成果。随着"3060"双碳目标的提出，居住建筑的低碳建设将成为未来我国住房领域重要的发展方向。

1.3.1 节能居住建筑发展时期

中华人民共和国成立初期，城市住宅严重短缺，20 世纪 50 年代国家组建了从事建筑标准设计的专门机构，进行了砌块结构、钢筋混凝土大板结构等多类型住宅结构的工业化体系与技术的研发和实践，推动了该阶段住宅的大量建设。但这个时期发展的工业化住宅以节省成本和结构体的快速建造为重点，很少考虑节能的问题，总体上发展程度落后，建筑节能水平较低。

20 世纪 70 年代以来，世界能源危机、环境危机频发，西方国家相继颁布了大量的强制性节能规范和措施，我国也在 1986 年出台了第一部推动建筑节能的行业规范《民用建筑节能设计标准（采暖居住建筑部分）》JGJ 26—86，之后尤其是在大量建设的住宅建筑方面又颁布了《夏热冬冷地区居住建筑节能设计标准》JGJ 134—2001、《夏热冬暖地区居住建筑节能设计标准》JGJ 75—2003、《住宅性能评定技术标准》GB/T 50362—2005 等一系列建筑节能设计标准，引导住房建筑业走上节能建设之路。

1994 年 3 月 25 日《中国 21 世纪议程——中国 21 世纪人口、环境与发展白皮书》发布，首次提出"促进建筑可持续发展，建筑节能与提高住区能源利用效率"。进入 21 世纪以来，随着我国建筑能耗总量不断增长，中央逐步出台了一系列相关政策，建筑节能经历了节能 30%、50% 和 65% 三个阶段，节能标准不断上升，近年来更是提出了超低能耗建筑、近零能耗建筑、零能耗建筑等概念，进一步提升了居住建筑的节能减排目标。

我国国家层面的现行建筑节能设计标准包括《严寒和寒冷地区居住建筑节能设计标准》JGJ 26—2018、《夏热冬冷地区居住建筑节能设计标准》JGJ 134—2010、《夏热冬暖地区居住建筑节能设计标准》JGJ 75—2012。能耗计算范围包括建筑全年供暖、通风、空调、照明、生活热水、电梯能耗及可再生能源的利用量。

在建筑实践方面，住房和城乡建设部科技与产业化发展中心与德国能源署于 2007 年共同展开了相关课题研究。我国第一个取得较好效果的被动式超低能耗建筑"在水一方"项目于河北省秦皇岛市建成（图 1-13），并在 2013 年通过住房和城乡建设部和德国专家验收，代表着我国节能居住建筑的发展

图 1-13　河北秦皇岛在水一方小区
图片来源：编写组自摄.

走上了一个新台阶，并已开始迈出国门、走向世界。

1.3.2　绿色居住建筑发展时期

20 世纪 90 年代，随着世界绿色建筑的发展，我国的绿色建筑建设也不断深入，相继出台了《绿色建筑技术导则》《住宅性能评定技术标准》GB/T 50362—2005、《绿色建筑评价标准》GB/T 50378—2006 等一系列相应的法律法规，对我国的绿色建筑发展起到了很好的指引和规范作用。2015 年施行的《绿色建筑评价标准》GB/T 50378—2014 将绿色建筑提到了重要的发展位置上，对建筑行业提出了更高的要求。在住房建设领域，也陆续推出《绿色生态住宅小区建设要点与技术导则 2001》《中国生态住宅技术评估手册》《中国绿色低碳住区技术评估手册》等，推动了住房建设的绿色化建设与发展。

2019 年新修订颁布了《绿色建筑评价标准》GB/T 50378—2019，升级确立了"以人为本、强调性能、提高质量"的全新的绿色建筑发展模式，在既有标准体系"四节一环保"的基础上，新标准的评价指标扩充为"安全耐久、健康舒适、生活便利、资源节约、环境宜居"五个方面，在"以人为本"的基础上，提高和新增了"全装修、室内空气质量、水质、健身设施、垃圾、全龄友好"等要求，并且提升了绿色建筑的性能和质量，明确了建筑工业化、健康建筑、建筑信息模型等方面的建筑技术要求。要求对建筑进行碳排放计算分析，采取措施降低单位建筑面积碳排放强度。新标准不仅强调

图1-14　雅世合金公寓

图片来源：刘东卫，张广源.雅世合金公寓 [J]. 建筑学报，2012，（4）：50–54.

建筑技术发展革新，更是从人文关怀的角度注重环境宜居和居住品质，体现出我国绿色建筑发展的更高站位和更宽视野。

在一系列政策法规的推动之下，住房建设领域也开展了大胆的创新与实践，出现了一批以绿色建筑理念设计并通过绿建技术落实的建设实践项目。2009 年我国首个采用可持续建筑体系与建筑长寿化技术的项目雅世合金公寓在北京建成，获得了国家住宅性能认定的 3A 认证，是我国住房领域绿色可持续建设的代表与典范（图 1–14）。

1.3.3　低碳居住建筑发展时期

2020 年在第七十五届联合国大会上我国提出"中国力争 2030 年前二氧化碳排放达到峰值，努力争取 2060 年前实现碳中和目标"的"3060"双碳目标，体现出对全球减碳、缓解地球环境问题的大国担当。

居住建筑建设量巨大，是建筑业中的重要组成部分，对推进建筑业节能减排和绿色发展水平有着重要影响。只有在居住建筑设计中选择更科学合理的规划设计方案，更绿色环保、提高资源有效利用的建设方式，节约土地、水、能源等资源，强化环境保护和生态修复，才是实现"集约高效，绿色低碳"建设目标的现实选择，才能实现建筑业的全面可持续发展。中国房地产研究会住宅产业发展和技术委员会在 2010 年 1 月 19 日发布了"低碳住宅技术体系"，将整个体系分为低碳设计、低碳用能、低碳构造、低碳运营、低碳排放、低碳营造、低碳用材、增加碳汇 8 个部分，将低碳居住建筑从一个简单的概念变成实在的技术体系的结合。在计算和评价标准方面，2013 年我国实施《可再生能源建筑应用工程评价标准》GB/T 50801—2013，2019 年又出台了《建筑碳排放计算标准》GB/T 51366—2019。

居住建筑的降碳设计并不仅仅意味着降低碳排放，延长建筑的使用寿命、提升建筑品质也是其中重要的一环。2010 年住房和城乡建设部提出 CSI 体系

（a）鸟瞰照片 　　　　　　　　　　　（b）实景照片

图 1-15　青岛中德生态园
图片来源：编写组自摄．

的概念，即"支撑体 – 填充体"体系，这是中国针对现代住宅建设所提出的一种创新建筑模式，其核心目的是实现住宅的可持续发展，推动中国住宅的产业化进程。CSI 体系追求住宅建筑的长寿化与高品质，避免因大量低品质、短寿化的住房建设而带来大拆大建的恶果，从根本上正是绿色低碳的建设导向。在CSI 体系的基础上，2010 年在中日百年住宅国际高峰论坛上，中国房地产业协会向全社会、全行业发起了《建设百年住宅的倡议》，基于国际视角的开放建筑和 SI 住宅绿色可持续建设理念与方法，以可持续居住环境建设理念为基础，通过建设产业化，实现建筑的长寿化、品质优良化、绿色低碳化，建设更具长久价值的人居环境。这正是面对我国建设发展现状和住宅建设供给方式，探索面向未来的绿色低碳、品质宜居的新型住宅建设与产品供给模式。

通过多年的探索与尝试，我国住房建设已经在绿色低碳的道路上摸索出了诸多经验，也建设了一批有影响力的实践项目。其中，2021 年中德合作的青岛生态园超低能耗住宅获得德国 PHI 被动房认证和中国被动式超低能耗绿色建筑认证（图 1-15），其相比传统建筑可减碳 90%，寓意着我国的低碳居住建筑建设已经逐渐走向成熟，并已迈入国际先进领域。

1.3.4　低碳居住建筑的发展目标

在我国经济转向高质量发展的新时期，发展绿色化、低碳化的居住建筑是推动社会经济并实现高质量发展的关键环节。相关研究显示，2021 年全国房屋建筑全过程（不含基础设施建造）能耗总量为 19.1 亿 t，占全国能源消费的 36.3%；公共建筑、城镇居住建筑和农村居住建筑的碳排放比重为4∶4∶2（图 1-16），其中城乡居住建筑占到 60%，是我国碳排放量最大的行业。因此，要实现新发展阶段住宅建设的高质量可持续发展，满足人民日益增长的美好生活需要，贯彻落实"适用、经济、绿色、美观"的建筑方针，全面保障住宅建筑的综合性能，提升住宅建设品质与绿色低碳水平，正是新时期低碳居住建筑的发展目标。

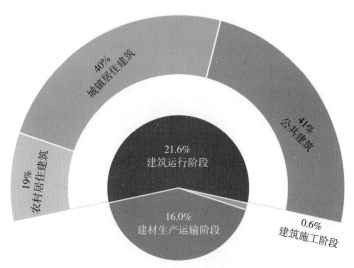

图 1-16　2021 年中国房屋建筑全过程碳排放
图片来源：改绘自中国建筑节能协会 . 2023 中国建筑与城市基础设施碳排放研究报告 [R]. 2023.

从居住建筑的全生命周期角度出发，低碳居住建筑就是要在建筑材料生产、建筑施工建造、建筑运行维护、建筑拆除回收各阶段都能够实现所产生的二氧化碳排放总量较低（图 1-17）。因此，低碳居住建筑应满足环境宜居、灵活长寿、健康舒适、低碳减排、安全耐久、智能便捷的要求。为了达到这样的目标，低碳居住建筑就要从开源、节流、长寿三个维度展开设计与建设实践（图 1-18）。

"开源"即建筑自身产能，通过自身产能从而少用甚至不用外界能源。建筑产能基本依靠主动式和被动式两种方式实现，通过技术创新、材料研发、设计优化等多种途径，充分利用可再生能源、减少对化石能源的依赖来调整用能结构，提升建筑物的能源利用效率和环保性能，寻求降低建筑过程中的能耗和碳排放目标。

"节流"即节能，通过减少建筑的运行能耗来减少建筑运行阶段的碳排放。目前我国虽然已经制定了诸多建筑节能的规范，全面实行了建筑节能的强制性措施，实现了较 1980 年建筑基准能耗节能 75% 的目标，但与发达国家相比尚有一定差距，通过降低运行能耗降低碳排放还有很大空间。

"长寿"即在设计之初就考虑到居住建筑的寿命，最大限度地增加其使用年限。长寿设计的建筑可以大大降低建筑全生命周期的整体碳排放量与排放强度，最大限度地减弱对环境的影响。相较于发达国家建筑的使用寿命：美国 130 年，英国 100 年，日本 70 年，我国只有 30~40 年，平均 100 年内需要建造和拆毁 2~3 次，造成极大的资源与能源浪费。以长寿化为目标的百年住宅是最有效的低碳住宅发展课题，也是我国低碳居住建筑未来发展方向。

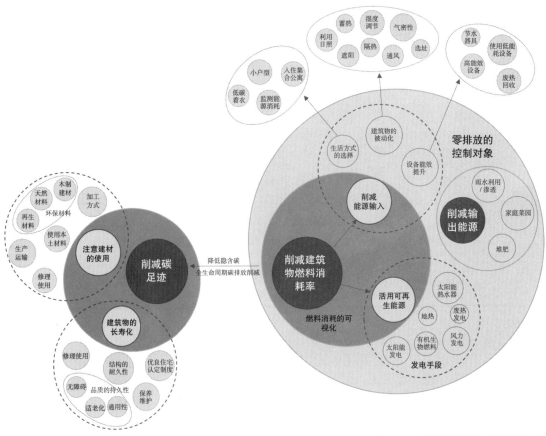

图 1-17 居住建筑全生命周期碳排放图谱
图片来源：改绘自竹内昌义，森美和.图解绿色住宅 [M].杨田，译.北京：清华大学出版社，2017.

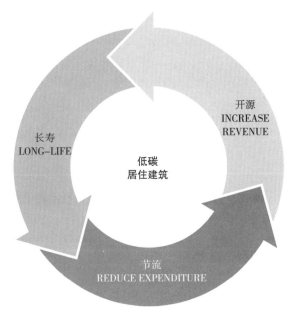

图 1-18 低碳居住建筑的内涵
图片来源：编写组自绘.

低碳居住建筑以低能耗为目标，通过被动式建筑设计降低建筑冷热需求，提高建筑用能系统效率降低能耗，进而通过利用可再生能源，实现超低能耗、近零能耗和零能耗。

1.4.1 近零能耗居住建筑

近零能耗建筑以超低能耗建筑为基础，是达到零能耗建筑前的准备阶段。近零能耗建筑在满足能耗控制目标的同时，其室内环境参数应满足较高的热舒适水平，健康、舒适的室内环境是近零能耗建筑的基本前提。

近零能耗居住建筑通常利用被动设计显著降低供暖、空调、照明需求，并通过高效技术使能源设备性能最大化，充分使用可再生能源，以最小化能源消耗实现舒适室内环境。根据我国现行《近零能耗建筑技术标准》GB/T 51350—2019，其建筑能耗水平较行业标准《严寒和寒冷地区居住建筑节能设计标准》JGJ 26—2010（现行版本为JGJ 26—2018）、《夏热冬冷地区居住建筑节能设计标准》JGJ 134—2010、《夏热冬暖地区居住建筑节能设计标准》JGJ 75—2012 降低 60%~75% 以上。

"近零能耗建筑"一词源于欧盟。欧盟于 2010 年 7 月 9 日发布了《建筑能效指令》（修订版），要求各成员国确保从 2018 年 12 月 31 日起，所有政府持有或使用的新建建筑达到"近零能耗建筑"要求；从 2020 年 12 月 31 日起，所有新建建筑达到"近零能耗建筑"要求。

对于"近零能耗建筑"，欧盟各国也存在不同的具体定义，如瑞士的"近零能耗房"（Minergie，也称迷你能耗房或迷你能耗标准），要求按此标准建造的建筑总体能耗不高于常规建筑的 75%（即节能 25%），化石燃料消耗低于常规建筑的 50%（可理解为节省一次能源 50%）；如意大利的"气候房"（Climate House，Casa Clima），指建筑全年供暖通风空调系统的能耗在 30kWh/（$m^2 \cdot a$）以下；再如德国被动房研究所（Passive House Institute）提出的"被动房"（也称被动式房屋、被动式住宅，Passive House），指通过大幅度提升围护结构热工性能和气密性，利用高效新风热回收技术，将建筑供暖需求降低到 15kWh/（$m^2 \cdot a$）以下，从而可以使建筑摆脱传统的集中供热系统的建筑，其技术路线为通过被动式手段达到近零能耗，也属于"近零能耗建筑"的一种类型。

近零能耗建筑的能效指标包括建筑能耗综合值、可再生能源利用率和建筑本体性能指标三部分，三者需要同时满足要求。实现居住建筑近零能耗目标的关键在于尽可能通过被动式技术降低能量需求，借助高性能建筑外壳和窗户等措施提升能效和建筑品质。基于供暖、制冷需求和气密性等性能指标，进一步通过优化能源系统和利用可再生能源减少能耗。综合能耗计算涵盖供暖、空调、通风、照明、生活热水和电梯，但排除因用户行为大幅影响的炊事和家电用电。设计时，优化可控因素如照明和设备效率，同时认识到居住模式和设备选择等不可控变量对能耗的影响。

1.4.2　零能耗居住建筑

零能耗居住建筑是近零能耗居住建筑的高级表现形式，其室内环境参数与近零能耗建筑相同，充分利用建筑本体和周边的可再生能源资源，使可再生能源年产能大于或等于建筑全年全部用能的建筑。

"零能耗建筑"（Zero Energy Building）一词源于美国。美国能源部建筑技术项目在《建筑技术项目2008—2012规划》中提出，建筑节能发展的战略目标是使"零能耗住宅"（Zero Energy Home）在2020年达到市场可行，使"零能耗建筑"在2025年可商业化。"零能耗住宅"指通过利用可再生能源发电，建筑每年产生的能量与消耗的能量达到平衡的3层及以下的低层居住建筑。"零能耗建筑"包括4层及以上的中高层居住建筑和公共建筑，其技术路线为使用更加高效的建筑围护结构、建筑能源系统和家用电器，使建筑的全年能耗降低为目前的25%~30%，由可再生能源发电对其供电，达到全年用能平衡。美国对"零能耗建筑"这一名词的使用，也经过多次变更，先后使用过"Zero Net Energy Building""Net Zero Energy Building"等词语，最终，2015年9月，美国能源部发布零能耗建筑官方定义：以一次能源为衡量单位，其输入建筑场地内的能源量小于或等于建筑本体和附近的可再生能源产能量的建筑。

与此同时，欧盟、日本、韩国等也已经对零能耗建筑进行了定义。欧盟对零能耗建筑的定义为"由场地内或周边可再生能源满足极低或近似零的能量需求的建筑"。日本经济产业省（METI）对零能耗建筑的定义："采用被动式设计方法，引入高性能设备系统，最大程度降低建筑能耗的同时保证良好的建筑室内环境，充分利用可再生能源，实现建筑能源需求自给自足，年一次能源消费量为零的建筑。"国际能源组织建议在零能耗定义中，应考虑平衡周期、能量边界、衡量指标等因素。

1.4.3　零碳居住建筑

零碳居住建筑，用于描述不向大气排放温室气体，特别是二氧化碳的住房。家庭通过燃烧化石燃料来提供热量，甚至在燃气灶上做饭时都会释放温室气体。零碳居住建筑可以通过建造或翻新非常节能的房屋，并保证其能源消耗来自非排放能源（例如电力）来实现。零碳居住建筑在设计和建造方式方面通过使用100%的清洁能源来维持自身，不向大气中释放任何额外的碳排放，这是其与零能耗居住建筑最主要的区别。零能耗居住建筑的设计和建造旨在产生足够的可再生能源来维持自身，而并非要求所有的可再生能源都是清洁能源。

零碳居住建筑有两个主要目标：首先建造隔热效果极佳、几乎完全气密的被动式房屋。这就意味着窗户应具备极强的保温、隔热性能，以便在冬天吸收阳光的热量，同时又最大限度地减少夏天的热量。对于现有房屋的翻新，需要对建筑围护结构进行升级。在房屋周围固定的地方填塞密封胶，在活动的地方加装挡风雨条，以能达到减少气流所需的气密性。其次，住房内不能使用天然气等产生碳排放的燃料，完全从电力或其他可再生资源获取能源。

以法国巴黎的第一个零碳社区肥沃岛（îlot Fertile）为例（图1-19），该社区的开发商要求所有住户必须签署绿色电力合同，并通过生物气候设计、利用尖端设备、可再生能源和零停车位等技术创新和行为创新实现零碳目标。

英国最大的零碳住区埃尔姆斯布鲁克（Elmsbrook）拥有393栋零碳住宅。该住区通过屋顶集成光伏板、雨水收集系统、电动汽车充电点和连接热电联产能源的区域供热网络来实现零碳目标。2021年埃尔姆斯布鲁克每个家庭的平均碳足迹为120kg，比英国平均水平（2447kg）低95%（图1-20）。

图1-19　巴黎肥沃岛零碳社区
图片来源：巴黎市官方网站.

图1-20　英国埃尔姆斯布鲁克零碳住区
图片来源：Upowa官方网站.

思考题

1. 建筑的碳排放对全球环境产生哪些影响？

2. 国外低碳居住建筑发展实践有哪些值得借鉴的经验？

3. 我国低碳居住建筑的未来发展的关注点有哪些？

参考文献

［1］ 上海易居房地产研究院.住房饱和度研究报告 [R].2020.

［2］ 虞志淳.英国低碳建筑：法规体系与技术应用 [J].西部人居环境学刊，2021，36（1）：51-56.

［3］ 胡建文.可持续发展的战略选择：美国建筑节能与绿色建筑考察研究报告 [J].建设科技，2009（6）：38-43.

［4］ 黄爱群.节能、经济、舒适：美国住宅建设新趋势 [J].建材工业信息，2000（6）：67.

［5］ 叶海，徐婧，罗淼.日本低碳建筑认定制度对中国的启示 [J].住宅科技，2018，38（10）：58-62.

［6］ 刘东卫.装配式建筑系统集成与设计建造方法 [M].北京：中国建筑工业出版社，2020.

［7］ 周静敏.装配式工业化住宅设计原理 [M].北京：中国建筑工业出版社，2020.

［8］ 刘东卫，张广源.雅世合金公寓 [J].建筑学报，2012（4）：50-54.

［9］ 中国建筑节能协会.2023 中国建筑与城市基础设施碳排放研究报告 [R].2023.

［10］ 李岳岩，张凯，李金潞.居住建筑全生命周期碳排放对比分析与减碳策略 [J].西安建筑科技大学学报（自然科学版），2021，53（5）：737-745.

［11］ 清家刚，秋元孝之.可持续性住宅建设 [M].陈滨，译.北京：机械工业出版社，2007.

［12］ 竹内昌义，森美和.图解绿色住宅 [M].杨田，译.北京：清华大学出版社，2017.

第2章 居住建筑低碳设计方法

2.1 居住建筑低碳设计目标	2.1.1 长久可变	长久耐受	空间可变	
	2.1.2 降碳节能	降低碳排放量	节约能源	
	2.1.3 资源循环	水资源循环	建造材料循环	
2.2 居住建筑低碳设计影响要素	2.2.1 场地环境要素	地域气候	场地设计	建筑布局
	2.2.2 建筑本体要素	建筑体形	套型空间	结构与材料 / 建筑技术
	2.2.3 人为要素	政策引导	生活方式	
2.3 多要素协同规划设计	2.3.1 建筑布局	住宅朝向	日照间距	通风防风
	2.3.2 场地设计	植物配置	场地处理	慢行道路
2.4 建筑适应性设计	2.4.1 结构适应性设计	支撑体大空间化	结构选型与适用范围	
	2.4.2 空间适应性设计	适应全寿命期	空间灵活可变	形体规整集约
	2.4.3 地域气候适应性设计	陕北黄土高原地区	新疆吐鲁番盆地	
2.5 居住建筑碳排放计算方法	2.5.1 居住建筑全生命周期碳排放构成	运行	建造及拆除	建材生产及运输
	2.5.2 居住建筑碳排放计算方法			

居住建筑的低碳化设计，应综合考量所在地域的气候、环境、经济、文化和可再生能源资源等条件，应用适应性设计方法，合理、有效地协调建筑与社会经济、自然环境、地域特质、使用需求等诸多关系，集约高效地利用土地和空间，符合标准化与多样化、安全性与耐久性的要求，实现降低建筑全寿命期碳排放的目标。

居住建筑的低碳设计，以降低建筑"全生命周期"的碳排放为宗旨，综合考虑建筑空间、室内环境、能源使用、材料选择、技术应用等多个方面，遵循以下设计目标（图2-1）：

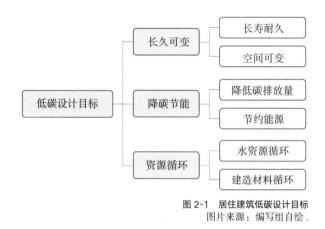

图 2-1　居住建筑低碳设计目标
图片来源：编写组自绘.

2.1.1　长久可变

长久可变体现在建筑的"长寿"和空间的"可变"两个方面。"长寿"是居住建筑低碳化的主要导向，是指通过在策划设计、生产施工和使用维护等过程中采取技术集成来保证或延长建筑使用寿命，要求居住建筑从主体结构、围护结构、防水材料、室内装修、设备管线等方面均满足耐久性要求。建筑结构与设备管线分离设计，有利于建筑的长寿化。建筑结构不仅仅指建筑主体结构，还包括外围护结构和公共管井等可保持长久不变的部分。建筑结构与设备管线分离设计还便于设备管线维护更新，可保证建筑能够较为便捷地进行管线改造与更换，从而达到延长建筑使用寿命目的。

居住建筑的空间可变主要在于应对家庭全生命周期内居住者家庭结构、生活方式、空间使用需求等方面的变化，采取住宅可变设计，以便于对居住者的动态需求进行响应。设计的重点应放在居住空间的可变性、灵活性和再生性上，增加室内空间的使用率，充分利用室内水平与垂直空间。可变空间设计的参与既提高了空间的灵活性，又使得功能空间在不同时间段可进行转换。结构体系的灵活分隔为空间的可变性创造条件，应减少竖向支撑构件，充分释放建筑使用空间，可采用钢框架结构、钢混组合结构以及其他减少或避免套内承重墙体的结构形式。采用与建筑功能或空间变化相适应的设备设施布置方式或控制方式，既能够提升室内空间的弹性利用，也能够提高建筑使用时的灵活度。

2.1.2 降碳节能

居住建筑的降碳节能需依据当地的气候特点和资源条件，从建筑全生命周期的角度进行综合考虑，涉及建筑设计、施工、运营和维护等各个阶段，实现整体低碳目标。

通过建筑体形系数的控制实现建筑保温节能，在建筑设计中综合考虑建筑过渡性空间分布，实现季节用能分区，减少居住建筑的能源需求。运用气候适应性策略，采用太阳能光伏发电等技术，最大限度利用太阳能和风能等可再生资源，通过围护结构收集和蓄积太阳辐射得热，使用遮阳、反光等装置，控制建筑直接太阳辐射得热和自然光的引入，减小空间进深、使用导风板等装置促进建筑自然通风。采用清洁能源、选用能效高的家电和设备，降低建筑运行过程中的能耗和碳排放。建筑结构主材隐含碳排放量受到结构体系类型影响，采用自身材料隐含碳相对可控的钢结构、木结构或钢木组合结构等低碳结构体系，配合材料循环利用、装配式施工等进一步降低隐含碳。

2.1.3 资源循环

居住建筑的资源循环主要体现在居住建筑本体及建筑外部环境。

建筑材料的选择和利用上，优先考虑可再生、可回收、可降解的材料，可以减少生产加工新材料带来的资源、能源消耗及环境污染，带来良好的经济、社会和环境效益。建筑建造采用绿色建造方式，大力推广装配式建筑，减少建筑垃圾和扬尘污染，缩短建造工期，提升工程质量。减少建筑垃圾的产生，推进建筑垃圾集中处理、分级利用，提高建筑垃圾资源化循环利用率。

在外部环境中，遵循低影响开发原则，利用再生水、雨水、海水等非传统水源进行室外景观水体的营造和绿化灌溉。控制利用雨水资源需合理利用场地空间设置绿色雨水基础设施，包括雨水花园、下凹式绿地、屋顶绿化、植被浅沟、截污设施、渗透设施、雨水塘、雨水湿地、景观水体等。

2.2 居住建筑低碳设计影响要素

居住建筑的能耗受建筑所处地域气候条件的影响，同时与建筑本体及建筑的使用方式也密切相关。影响居住建筑低碳设计的要素主要涉及场地环境要素、建筑本体要素和人为要素三大类。

2.2.1 场地环境要素

场地环境要素主要包括地域气候、场地设计和建筑布局三个方面，其中，建筑所在地域温度、太阳辐射、湿度等气候条件，会影响建筑与外围环境的能量交换，是建筑采取不同节能措施的依据。

场地结合自然条件进行绿化景观营造，设置慢行步道利于低碳出行、降低污染。通过竖向设计尽量实现土方平衡，减少土方运输成本和对环境的影响，既尊重场地原有的地形地貌特点，还可营造更具特色的景观环境，确保建筑和环境的和谐统一。

考虑住宅的朝向、间距以及通风防风等措施进行合理的建筑布局，可以改善建筑周围气候条件，降低建筑能耗。具体内容详见下表（表2-1）：

居住建筑低碳设计场地环境影响要素　　　　　　　　　　　表2-1

类别	子类		要素
场地环境要素	地域气候		温度、湿度、降雨量、主导风向、全年日照时间、太阳高度角、无霜期等
	场地设计	道路交通	电动车充电设施、分享型自行车、绿化休憩区域等
		竖向设计	高程、坡度、排水、土方平衡等
		绿化景观	庭院绿化、休闲娱乐绿地、步行道和健身区、场地铺装、屋顶花园、垂直绿化、植物配置等
		水体	景观湖、喷泉、水幕、雨水花园、湿地等
	建筑布局	住宅间距	建筑退线距离、防火间距、日照间距、通风间距、景观和视线间距、私密性间距、环保和噪声控制间距等
		住宅朝向	采光、通风、日照、节能、景观等
		通风防风	室外热舒适度、夏季自然通风、冬季防风和热岛效应等

表格来源：编写组自绘.

2.2.2 建筑本体要素

建筑本体要素则包含建筑体形、套型空间、建筑结构与材料和建筑技术四个方面。

合理的体形系数、住栋平面的规整性，可以有效减少建筑的外墙面积，减少冬季的外墙散热，提高建筑供暖效率。

套型空间的平面设计、门窗洞口的位置及大小、建筑窗地比等因素会影响建筑室内的得热、通风、采光等物理环境，进而影响建筑能耗。空间的灵活可变可以适应家庭全生命周期的变化，延长建筑寿命，提高建筑长久性。

建筑材料直接影响建筑的保温和隔热性能，影响建筑的供暖和制冷的需求和能源效率。建筑结构和材料的耐久性可以延长建筑物的使用寿命，减少维修的频率，并避免重建，从而减少长期碳排放。

太阳能光伏、地源热泵等可再生能源利用技术、绿色建造技术、照明、新风等室内环境调控技术可以有效降低建筑建造过程中的能耗和碳排放，调整建筑运行中的用能结构，提升用能效率。具体内容详见下表（表2-2）：

居住建筑低碳设计建筑本体影响要素　　　　　　　　表2-2

类别	子类		要素
建筑本体要素	建筑体形		建筑体量、建筑材料与质感、建筑平面布局、建筑立面设计等
	套型空间	自然通风	窗户和开口、室内布局等
		日照条件	窗户的大小、位置、朝向和类型、室内布局等
		自然采光	窗户的尺寸、形状、位置和朝向、室内布局、室内墙体、采光井等
		空间灵活可变	空间布局的模块化、空间分隔的灵活性、家具和设备的可移动性、空间的垂直和水平流动性等
	建筑结构与材料	建筑结构	结构类型、结构适应范围、结构选型等
		建筑材料	承重结构用材、围护结构用材、装饰装修用材、给水排水用材、气暖用材； 无污染、无放射性的环保材料； 可进行回收利用的建筑材料废弃物
	建筑技术	可再生能源利用	太阳能系统、地源热泵系统、生物质能系统、联合应用系统等
		建造技术	建筑支撑体与建筑内装体、设备及管线相分离技术； 内装部品集成技术； 建筑保温、建筑隔热、建筑立体绿化等
		室内环境调控技术	供暖与空调系统、照明系统、新风系统、智能化监测系统等

表格来源：编写组自绘.

2.2.3　人为要素

人为要素主要涉及政策引导和生活方式两个方面。

通过对低碳行为的宣传教育、制度保障、激励约束、协同转变等方面制度的建设，可以有效引导居民和建筑使用者对低碳生活方式的了解和接受，促进居民生活方式和价值观念的转变，从需求侧减少建筑的碳排放量。具体内容详见下表（表 2-3）：

居住建筑低碳设计人为影响要素　　　　　　　表 2-3

类别	子类		要素
人为要素	政策引导	宣传教育机制	低碳理念普及、低碳知识教育、低碳技术推广、社区实践活动、舆论引导、互动交流平台、定期评估与反馈等
		制度保障机制	政策法规支持、规划与标准制定、节能减排责任分配、监督与评估机制、紧急应对机制等
		激励约束机制	奖励机制、惩罚机制、考核评价机制等
		协同转变机制	以生产方式绿色化推动生活方式绿色化；以生活方式绿色化倒逼生产方式绿色化；推动生产方式与生活方式协同减碳
	生活方式		绿色出行、垃圾分类、绿色消费、环保意识、绿化植树、低碳饮食、智能家居等

表格来源：编写组自绘.

居住建筑的外部空间环境是居住建筑所在住区的外部场所与环境，包括道路与交通设施，绿化、游憩场所，公共设施和用于公共活动的开放空间等。外部空间环境以及形成的微气候环境，对居住建筑能耗及居民行为产生影响，规划设计中需要重点关注建筑布局和场地设计等方面。

2.3.1　建筑布局

建筑布局与建筑朝向、建筑间距等因素相关，建筑朝向和建筑间距会通过建筑的相互遮挡影响建筑间的微气候环境，从而影响建筑内部空调、供暖以及照明设备使用的能源消耗和碳排放。建筑布局应建立与环境的关联度，以降低热岛效应和建筑能耗、优化风环境为原则，根据当地气候条件调整建筑间距、朝向以及进深等形态布局控制要求，充分利用太阳能和风能等自然资源，夏季少得热量并加强通风，并通过景观设计减少热岛效应，冬季多获得热量和减少热损失，达到节能减排的目的。

1）住宅朝向

选择并确定建筑的朝向是建筑整体布局首先考虑的主要因素之一。朝向的选择原则是冬季能获得足够的日照，并避开冬季主导风向；夏季能利用自然通风，并防止太阳辐射。在北半球，房屋"坐北朝南"是人尽皆知的良好朝向，这是由于太阳的运行规律使得这种朝向的房屋冬季能最大限度地获得太阳辐射热，同时南向外墙可以得到最佳的受热条件，而夏季则正好相反。此外，建筑朝向的设置还会直接改变建筑物周边及其本身的通风状况，进而影响建筑物的能耗（图 2-2）。

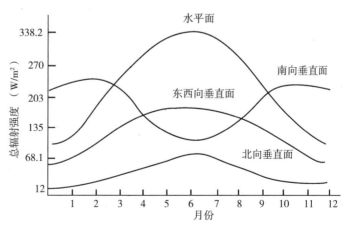

图 2-2　建筑不同方位太阳总辐射强度年变化趋势
图片来源：胡仁禄，周燕珉.居住建筑设计原理[M].3 版.北京：中国建筑工业出版社，2018.

2）日照间距

控制建筑表面太阳辐射是维持室内舒适环境、减少建筑能耗的必要途径。一方面，建筑需要太阳辐射，室内自然采光、冬季的供暖热量均依赖于太阳。另一方面，建筑又需要避开太阳辐射，夏季过度的太阳辐射造成室内温度升高，增加空调冷负荷，因此需采取遮阳措施减少太阳辐射得热。这就需要以年为周期综合考虑建筑太阳辐射得热。

要保证阳光不受遮挡并且可以直接照射到建筑室内，在建筑布局中就必须在建筑物之间留出一定的距离，也就是建筑物的日照间距。影响建筑物日照间距的因素有很多方面，包括当地的日照标准、地理纬度、建筑朝向、建筑物的高度、长度以及建筑用地的地形等。因此，在节约用地的前提下，居住建筑布局应当综合考虑各种因素来确定建筑的日照间距。

3）通风防风

风是影响建筑性能的重要环境因素之一，对建筑的热湿环境有重要影响。风向、风速分布形成的风环境对住区内部建筑群的微气候有显著的影响，主要是热环境的影响，如室外的热舒适度、夏季自然通风、冬季防风和热岛效应等（表 2-4）。影响住区风场分布的因素有很多，如当地的气候条件、住区的建筑布局、建筑形式以及景观设计等。

不同风向入射角影响下的宅间气流示意　　　　　　　　　　表 2-4

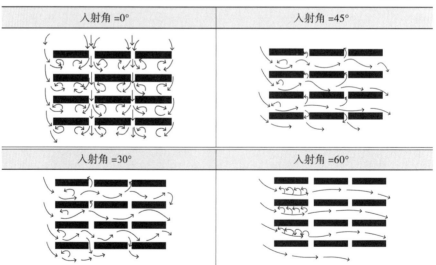

表格来源：编写组改绘自中国建筑工业出版社，中国建筑学会.建筑设计资料集 [M].
3 版 . 北京：中国建筑工业出版社，2017.

建筑布局对风环境的影响包括建筑室外风环境和建筑室内自然通风两个方面。合理安排地块建筑高度以及不同高度建筑的位置关系，引入自然通风和遮挡冬季寒风,形成有利于夏季、过渡季自然通风或场地散热,冬季隔绝冷风渗透的室外风环境(表2-5)。避免局部地方风速过大给人们的生活、行动造成不便,或者形成气流死角不利于室内的自然通风和污染物的散发。

建筑布局形式对通风、防风的影响 表2-5

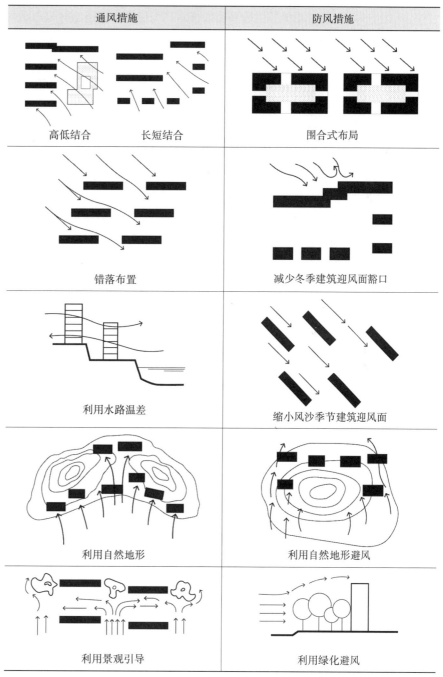

通风措施	防风措施
高低结合 长短结合	围合式布局
错落布置	减少冬季建筑迎风面豁口
利用水路温差	缩小风沙季节建筑迎风面
利用自然地形	利用自然地形避风
利用景观引导	利用绿化避风

表格来源:编写组改绘自中国建筑工业出版社,中国建筑学会.建筑设计资料集[M].3版.北京:中国建筑工业出版社,2017.

2.3.2　场地设计

1）植物配置

在保证绿地景观观赏及使用功能的前提下，发挥植物的碳汇效益。首先，应提高绿地面积的占比，最大限度地提高三维绿量。其次，选择乔灌木、本地适生等高碳汇植物，优化植物种植结构和乔灌木占比（图2-3）。最后，采用自然种植方式，减少后期运维排碳，达到减碳增汇的效果。

选择大型、寿命长、生长迅速的树种，根系更深根或更多纤维根的树种不仅可以直接增加植物根系的固碳能力，而且会间接促进植物群落的生态系统稳定性。增加木本植物在植物群落中的比例，因为木本植物比草本植物的生物量密度更大。重视种植结构及树种的多样性，增加绿地的功能多样性，从而增强绿地应对气候变化的适应性及植物群落的固碳效率。

选择适应当地气候和土壤条件的乡土植物，种植适应力强、抗性强的乔木和灌木，降低景观维护的碳排放强度。减少杀虫剂等化学药剂的使用，采用滴灌、微灌等节水灌溉技术，采用雨水等非传统水源进行绿地的灌溉和水景营造，降低与灌溉相关的能源消耗。

2）场地处理

场地处理需要从增加植被覆盖率、地面铺装的透水性等方面入手。

避免出现直接裸露的土壤，通过种植植物提升土壤表层的植被覆盖率，既可以增加绿化的面积，还可以借助植物的根系力量来促进土壤内部各类微

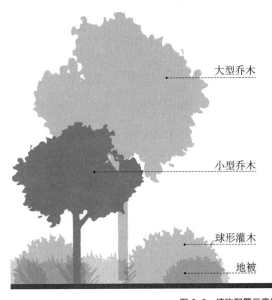

大型乔木

小型乔木

球形灌木

地被

图 2-3　植物配置示意图
图片来源：编写组自绘.

生物的活动，提高土壤有机物含量，促进土壤固碳。

地面铺装既要能满足使用及铺地强度和耐久性要求，还应提高基地的保水性能，减少不透水地面的比例。停车场、人行道、广场等可以采用透水铺装方式或使用植草砖、透水沥青、透水混凝土、透水地砖等透水铺装材料等措施提高其透水性。室外机动车道等硬质地面采取遮阴措施或使用高反射率的表面材料，可有效降低地表温度，游憩场、庭院、广场等室外活动场地通过乔木和其他措施遮阴，降低地表温度，提高热舒适度，降低热岛现象带来的负面影响。

3）慢行道路

慢行道路是居民绿色出行的重要载体，利于居民减少机动车出行，降低环境污染，有效疏解住区交通压力，实现低碳目标。

慢行道路承载着居民的户外休闲活动，通过与公共服务设施、公园绿地、广场等公共空间的衔接，营造出环境宜人的慢行交通空间，提升步行、骑行者出行的便捷度和舒适度。

慢行道路的设计应尊重自然，注重生态性。选用本地适生的乡土植物进行绿化遮阴，通过植物配置形成丰富的季相景观。地面铺装需考虑透水性，园林小品使用环保、可再生的材料，与周围的自然环境相协调，减少对环境的影响。

慢行道路应进行无障碍设计，避免设置过多的台阶和坡道，采取排水、防滑、防冰雪等措施，确保通行无障碍。步行道路要良好的夜间照明和清晰的标识，在步行道路与道路交叉口设置明显的标志和警示，步行道路两侧宜设置休息座椅和遮阳遮雨设施，提升步行舒适性，满足老年人、儿童以及其他各类人群的步行活动需求。

因此，居住建筑的低碳设计不仅要关注居住建筑本体，还需从效能平衡和系统统筹的视角出发，在建筑组群空间的层面发挥规划的统筹能力，以综合性思维去看待节能减碳与建筑群体空间布局及其室外场地设计的相互关系。

一方面，提升建筑组群空间与低碳技术的协同程度，提高低碳技术的使用效益。通过调整优化建筑组群布局和公共开敞空间位置，为建筑提供更舒适的运行氛围，从而降低整体能耗。合理配置公共开敞空间的景观环境，提高开敞空间内各类遮阳措施的覆盖率，从而缓解热岛效应。顺应主导风的方向和强度进行道路、绿地和开敞空间布局，梯度排列不同高度建筑，以预留畅通的通风廊道。另一方面，提升居住组群各系统的运行效率，以更低的成本实现碳排放量降低。协调慢行交通、废弃物回收系统的设施布局，并与人的活动相匹配，实现交通、基础设施维度减碳技术的高效运行。促进建筑组群的建筑布局、开放空间和交通组织等方面与低碳技术的使用场景及空间需求相适应。

居住建筑的"适应性"设计强调对建筑及其环境整合的设计思路，从建筑结构的适应性、建筑空间的适应性和地域气候的适应性三方面入手，寻求能够随着时间的推移而持续发展和适应的解决方案，从而提高资源效率、减少浪费、适应居住者的需求变化，满足居住建筑的长久使用，实现居住建筑低碳和可持续发展的目标。

2.4.1 结构适应性设计

1）支撑体大空间化

住宅空间的开放程度越高，全寿命的使用价值越大，建筑的长久性也就越好（图 2-4）。住宅设计应尽可能取消内部承重墙体，实现支撑体大空间化，可以塑造集中、完整的使用空间，利于建筑平面空间的灵活可变，同时也为实现管线分离、内装系统分离提供条件。

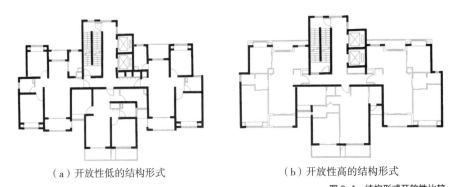

（a）开放性低的结构形式　　　　（b）开放性高的结构形式

图 2-4　结构形式开放性比较

图片来源：刘东卫 . SI 住宅与住房建设模式 体系·技术·图解 [M]. 北京：中国建筑工业出版社，2016.

钢筋混凝土结构是住宅的支撑体常用的结构种类，又可细分为剪力墙体系、墙式框架体系、框架体系、框架 – 剪力墙体系、筒体体系等几种结构形式。住宅的支撑体也可采用中小柱距的框架体系或是大开间剪力墙承重体系，以及应用于各种大开间、套内楼板可变的跃层结构体系。大开间的框架体系可以更好地发挥支撑体和填充体分离的特性。

2）结构选型与适用范围

住宅的结构种类分为钢筋混凝土结构和钢结构两大类，钢筋混凝土结构又细分为多种类型，两类不同的结构种类分别对应不同的结构形式，适用不同高度的居住建筑。

支撑体结构种类和结构形式的选择，需要综合考虑住宅的建设条件、主体规模和形式等因素，其耐久年限以达到 100 年为前提。可以通过基础及结构牢固、加大混凝土保护层厚度、定期涂装或装修加以保护等措施，提高主体结构的耐久性能。同时，最大限度地减少结构所占空间，使填充体部分的使用空间得以释放。预留单独的配管配线空间，不把各类管线埋入主体结构，方便检查、更换和增加新设备。

支撑体的结构种类、结构形式及其适用范围如下表所示（表2-6）。

支撑体结构种类、结构形式与适用范围的对应关系　　　　表2-6

结构种类		结构形式	适用范围			
	举例		低层 ≤ 3	中层 4~11	高层 12~20	超高层 ≥ 21
钢筋混凝土结构	普通钢筋混凝土结构（RC）＋	剪力墙体系	■	■		
		墙式框架体系		■	■	
		框架体系	■	■		
		框架 - 剪力墙体系			■	■
		简体体系			■	■
	高强度钢筋混凝土结构（H-RC）＋	框架体系			■	
		简体体系			■	■
	钢骨混凝土结构（SRC）＋ 钢管混凝土结构（CFT）＋	框架体系			■	■
	钢结构（S）		■	■	■	■

表格来源：刘东卫.SI住宅与住房建设模式 体系·技术·图解[M].北京：中国建筑工业出版社，2016.

2.4.2　空间适应性设计

1）适应全寿命期

坚持住宅全寿命期系统性设计理念，采用建筑支撑体与室内填充体分离的SI建筑体系，确保居住建筑设计全生命周期运行。SI建筑体系可长期使用，方便后期改建，又能减少废弃物和环境负荷，在居住建筑规划设计、施工建造、维护使用和再生改建的全过程中，实现设备管线寿命老化更新、家庭换代、生活理念变迁等建筑使用功能寿命与建筑结构寿命保持一致，在节能减排方面比传统的住宅建筑建设方式更有优势。

如图2-5所示住栋两种套型，可以在分户墙位置不变的情况下，实现同一套型内多种套型的变换以满足家庭全生命周期不同阶段的需求。图2-6展示了住宅套型空间采用SI住宅体系进行时，在套型的多样性和系列化方面的特色与优势。

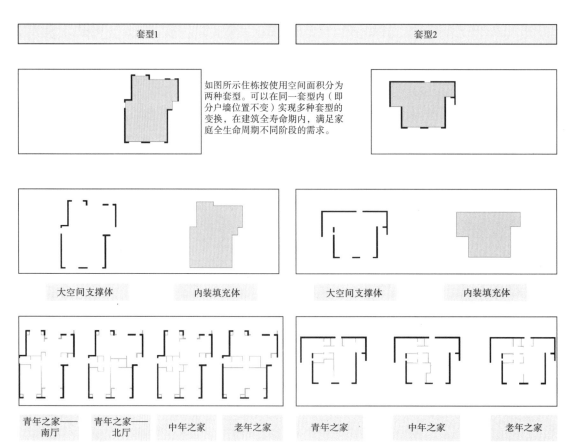

图 2-5　家庭全生命周期设计

图片来源：刘东卫. SI 住宅与住房建设模式 体系·技术·图解 [M]. 北京：中国建筑工业出版社，2016.

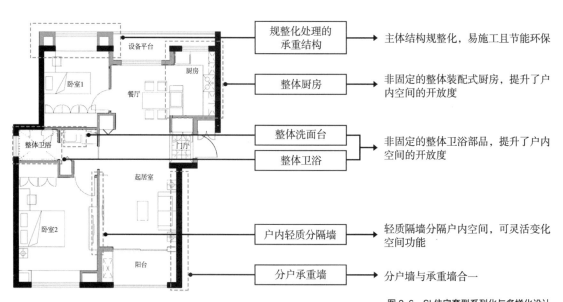

图 2-6　SI 住宅套型系列化与多样化设计

图片来源：刘东卫. SI 住宅与住房建设模式 体系·技术·图解 [M]. 北京：中国建筑工业出版社，2016.

SI 体系包含建筑支撑体与建筑填充体两部分。结构支撑体和围护体需要考虑其使用的安全性和耐久性。共用设备、管线与建筑主体分离，便于建筑维护管理和检修更换。建筑填充体设计需满足适应性要求，建筑填充体的灵活性与适应性使套内空间长期处于动态平衡之中。以居住者的需求为出发点，满足居住者家庭全生命周期使用的需求，可以根据居住者不同的使用需求，进行灵活布置或采用不同的材料产生不同的户内环境与风格（图 2-7）。

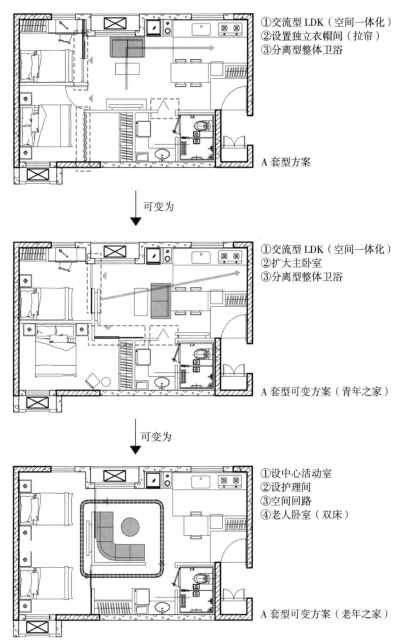

①交流型 LDK（空间一体化）
②设置独立衣帽间（拉帘）
③分离型整体卫浴

A 套型方案

可变为

①交流型 LDK（空间一体化）
②扩大主卧室
③分离型整体卫浴

A 套型可变方案（青年之家）

可变为

①设中心活动室
②设护理间
③空间回路
④老人卧室（双床）

A 套型可变方案（老年之家）

图 2-7 适应家庭全生命周期的套型可变方案（北京光合原筑住宅）
图片来源：刘东卫 . SI 住宅与住房建设模式 体系·技术·图解 [M]. 北京：中国建筑工业出版社，2016.

也可以根据自己的实际需求随时更换和选择填充体部品，对建筑填充体部分进行"私人定制"（表 2-7）。

适应家庭全生命周期的住宅变换   表 2-7

建筑类型	Ⅰ 两居室	Ⅱ SOHO 居家办公	Ⅲ 三居室
变换说明	Ⅰ 改为工作间→Ⅱ 增加一个儿童房→Ⅲ 扩大单元→平面改变、规模改变		
居住者	年轻夫妇	年轻夫妇	年轻夫妇 + 孩子
套型示例			
建筑类型	Ⅳ 两代居	Ⅴ 分户两代居	Ⅵ 单身公寓
变换说明	Ⅳ 分户→Ⅴ 改为公寓式→Ⅵ 改为商业用房→平面改变、规模改变、属性改变		
居住者	中年夫妇 + 孩子	中年夫妇 + 父母	单身
套型示例			
建筑类型	Ⅶ 商店和餐厅		单元组合示意
变换说明	—		
使用者	所有人		
套型示例			

表格来源：刘东卫 . SI 住宅与住房建设模式 体系·技术·图解 [M]. 北京：中国建筑工业出版社，2016.

SI 住宅体系应采用标准化与多样化设计方法，进行模数协调设计，严格遵守标准化、模数化相关要求，不能为了多样化而影响标准化设计，实现主体结构和建筑部品部件的一体化集成。标准化设计应以少规格多组合的原则进行设计，主体部件和内装部品应选用通用化与系列化的参数尺寸与规格产品，减少构件规格和接口种类，以提高重复使用率，既可经济合理地确保质量，也利于组织生产与施工安装。标准化设计还应遵循模数协调统一的设计原则，结构支撑体应当为内装部品留出模数化空间，满足内装部品集成化安装尺寸要求。

2）空间灵活可变

空间的灵活可变主要涉及套内空间的自由可变、套型组合的灵活可变，能够满足多元化住户类型和住户多样化的居住生活需求。

（1）套内空间自由可变

SI住宅体系中的填充体可以在支撑体的空间框架内，实现高度的灵活性和适应性，既能满足内装的多样化需求，又能为住户未来改造提供方便（图2-8）。

住宅采用大空间结构体系，结合集成厨卫设施或系统，利用轻质隔墙、移动家具、内装部品等方式实现对居住空间的自由划分，形成多种空间格局，满足住户间的个性化和差异性需求（图2-9）。套内的单一空间，也可根据使用者的需求，选用不同的内装部品和不同家具摆放实现空间的多种功能，例如同一个居室可以分别成为书房、儿童房、客卧等不同空间（图2-10）。

SI住宅体系的共用设备及管线置于套外、集中布置在楼栋共用部分，与主体分离，便于维护与改造。套内排水系统可以采用缓坡式配置，彻底解决

图 2-8　同一套标准套型的多种内装方式
图片来源：刘东卫. SI住宅与住房建设模式 理论·方法·案例 [M]. 北京：中国建筑工业出版社，2016.

① 交流型 LDK（空间一体化）	① 交流型 LDK（空间一体化）	① 交流型 LDK（空间一体化）
② 扩大主卧室+小房间	② 增加1间日式房间	② 增加2间日式房间
③ 分离卫浴	③ 分离卫浴	③ 分离卫浴
④ 整体厨房	④ 整体厨房	④ 整体厨房

图 2-9　可变居住空间

图片来源：刘东卫. SI 住宅与住房建设模式 体系·技术·图解 [M]. 北京：中国建筑工业出版社，2016.

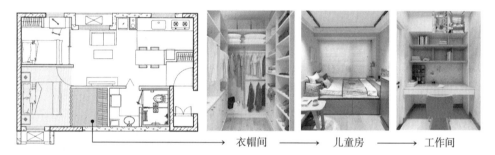

衣帽间 ⟶ 儿童房 ⟶ 工作间

图 2-10　多样性居室设计示意图（北京光合原筑住宅）

图片来源：编写组自绘 .

了套内空间受给水排水系统限制的问题，可将模块化的整体厨房和整体卫浴根据居住者需求嵌入至套内任意位置，为套内空间自由灵活划分提供可能（图 2-11）。

（2）套型组合灵活可变

SI 住宅体系结构的独立性、结构体系的同一性与可组性、部件部品的通用性，为模块化设计方法提供支撑。针对不同的功能，居住建筑的空间可以划分为不同的功能模块。将关联性较强的功能模块进行整合，实现空间上的融合，提高居住空间以及套型组合的灵活性（图 2-12）。采用模块组合的方式，可将标准化的套型模块与公共交通核心模块组合出不同的平面形式和建筑形态，创出多种平面组合类型（表 2-8）。

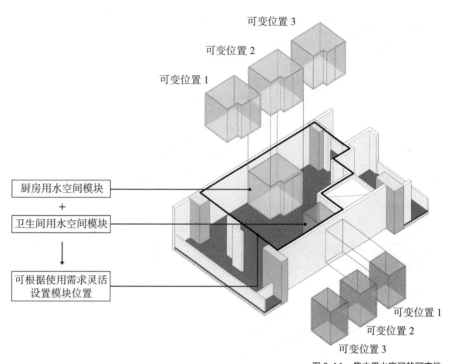

可变位置 3

可变位置 2

可变位置 1

厨房用水空间模块

+

卫生间用水空间模块

可根据使用需求灵活
设置模块位置

可变位置 1

可变位置 2

可变位置 3

图 2-11 集中用水空间的可变性
图片来源：刘东卫 . SI 住宅与住房建设模式 理论·方法·案例 [M]. 北京：中国建筑工业出版社，2016.

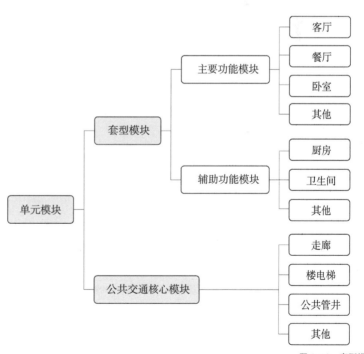

图 2-12 套型模块组成
图片来源：周静敏 . 装配式工业化住宅设计原理 [M]. 北京：中国建筑工业出版社，2020.

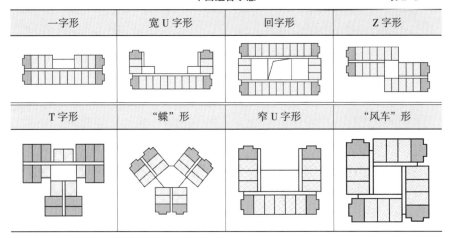

一字形	宽 U 字形	回字形	Z 字形
T 字形	"蝶" 形	窄 U 字形	"风车" 形

表格来源：编写组自绘.

　　SI 住宅体系还为空间规模和建筑属性的改变提供了基本条件。相邻的单元组合之间可以实现合并，或根据需要重新进行空间划分。即便住宅的属性随着时间和空间的改变发生变化，转为商业、办公等其他用途，其支撑体依然耐用，填充体依然灵活。

　　如日本的筑波樱花小区住宅，采用 RC 结构＋框架体系，适应了居住者对于不同套型的需求以及在未来的使用过程中有可能产生的套型变化。该小区提供了可供居住者自行分隔或合并的 2 种面积分别为 35m² 和 80m² 的基础套型，80m² 的套型可拆分为 30m² 和 50m² 的 2 个套型，35m² 和 80m² 的套型可合并为 1 个 115m² 的套型，2 种基本套型通过这种组合变化为居住者提供了从 30m² 到 115m² 之间的 5 种套型，尽可能多地满足了居住者对套型的需求（图 2-13、图 2-14）。除此之外，住宅首层也考虑到了功能可变的设计，可根据使用需求转变为商店、餐厅等其他功能用途。

3）形体规整集约

　　居住建筑立面与形体应简洁，承重构件布置应上下对齐贯通，外墙洞口宜规整有序，避免不必要的凹凸、转折，满足住栋对于节能、节水、节地、

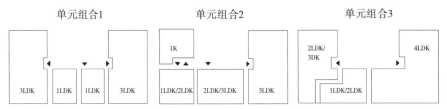

图 2-13　套型单元组合可变化

图片来源：刘东卫 . SI 住宅与住房建设模式 体系・技术・图解 [M]. 北京：中国建筑工业出版社，2016.

节材等方面的要求。建筑不可过于追求形式新异，造成结构不合理、空间浪费或构造过于复杂，引起建造材料大量增加或运营费用过高（图2-15）。

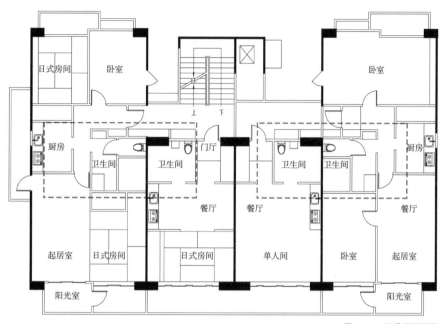

图2-14　标准层平面图

图片来源：刘东卫. SI 住宅与住房建设模式 体系·技术·图解 [M]. 北京：中国建筑工业出版社，2016.

图2-15　住栋形体规整化

图片来源：刘东卫. SI 住宅与住房建设模式 理论·方法·案例 [M]. 北京：中国建筑工业出版社，2016.

2.4.3 地域气候适应性设计

建筑设计阶段是决定居住建筑能耗多寡的关键环节。地域气候适应性设计是在设计之初充分考虑地域气候条件和太阳辐射资源，巧妙利用室外气候要素、辐射要素的季节变化和周期性波动规律，综合运用保温隔热、蓄热放热、自然通风、被动供暖、夏季遮阳等建筑气候设计手法，创造适宜的室内热环境，大幅度降低建筑能耗，进而改善住区微气候环境，降低城市热岛强度，实现居住建筑的低碳减排目标。

例如，我国陕北黄土高原地区属于大陆性气候，较为干旱、偏冷且气温年较差和日较差都比较大。该地区太阳能资源丰富，年日照时数可达 2400 多小时，仅次于西藏和西北部分地区，为太阳能的利用提供了非常有利的条件。绿色建筑全国重点实验室绿建基础研究中心在位于延安市西北川的枣园村所设计建造的新型窑居，就针对该地域的典型气候特点采取了以下设计策略：

新窑居的平面布局上缩小南北向轴线尺寸，增加东西向轴线尺寸。增大南向开窗面积，尽可能多地获得太阳能得热，并且在一定程度上利于窑洞的后部采光（图 2-16）。建筑形体避免在外围护结构设置过多的凹入和凸出，减小了体形系数，有助于减少供暖热负荷。

充分利用太阳能资源，将太阳能作为取暖、烧水、做饭、洗澡的生活用能源。将窑洞民居空间形态与太阳能动态利用有机结合（图 2-17），针对不同户型方案分别采取了直接受益式、集热蓄热墙式、附加阳光间式以及组合式的被动式太阳能供暖方案。利用地冷地热使室内环境既能在夏季降温又能在冬季得热，改善了室内空气质量的同时又调节了温度。

新疆吐鲁番盆地及其周边区域属于我国干热气候地区的范围。这里夏季酷热，夏季月平均空气温度分别为 31.44℃、32.8℃、31.13℃，最热月平均最高温度可达 38.79℃。常年干旱少雨，年降水量仅有 15.8~64mm，夏季全

图 2-16　新型窑居建成室内实景

图片来源：刘加平. 绿色建筑：西部践行 [M]. 北京：中国建筑工业出版社，2015.

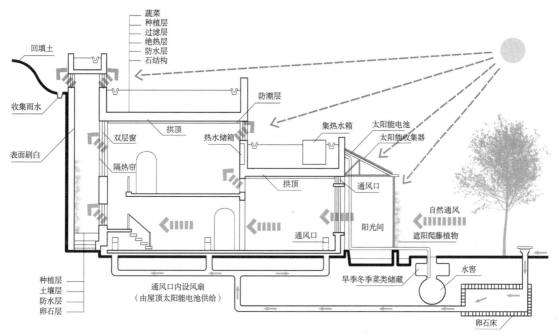

图 2-17　新型窑居建筑剖面设计原理图
图片来源：刘加平. 绿色建筑：西部践行 [M]. 北京：中国建筑工业出版社，2015.

季室外空气相对湿度低于 35%。由于气候干旱且云量极少，太阳辐射量非常高，日间太阳辐射强烈，形成了显著的昼夜温差，夏季月平均气温日较差为8.7~17.1℃。

西安建筑科技大学零能零碳建筑团队与吐鲁番当地规划部门合作的新疆吐鲁番地区亚尔乡英买里村富民安居项目，基于传统民居的适应性经验，方案采取了"内院落 + 气候缓冲区 + 半地下室 + 被动式太阳能利用 + 厚重围护结构 + 夜间通风 + 窗户遮阳"的营造模式，来应对吐鲁番冬季寒冷、夏季酷热的特殊气候条件（图 2-18）。

（a）建筑外观

（b）室内实景

图 2-18　示范房实景照片
图片来源：西安建筑科技大学零能零碳建筑团队.

以夏季防热、降温为首要设计原则，兼顾冬季供暖、保温需求。项目主要采取了减少太阳辐射得热、减少热风侵袭得热、减少墙体传导得热和利用空气对流散热等防热、降温的设计策略。

高架棚、葡萄架下的阴影区域以及冬、夏室之间均形成了温度渐次过渡的气候缓冲区，在极端的室外气候和主要居住房间之间形成了温度保护。

厚重的生土围护结构的蓄热性能有利于平抑当地剧烈的昼夜温差，形成较稳定舒适的室内温度环境，配合夏季的夜间通风，利用夜晚冷空气为建筑结构散热降温。半地下室的设置，体现了利用土壤恒温对抗夏季酷热的传统智慧。

适当加大南向卧室的窗户，利用被动式太阳能提升了冬季室温，降低了供暖能耗。窗户处的活动遮阳板在夏季大大减少了入射的太阳辐射热量，从而降低室内热负荷。

日本是一个典型的岛国，其独特的地理位置和复杂的地形，使得日本的气候特征具有多样性和特殊性。日本群岛大部分地区属于温带季风气候，四季分明。夏季炎热潮湿，冬季寒冷，有时会有降雪，尤其是在本州岛的北部和北海道。

日本的 LCCM 住宅以灵活的环境控制为目标，通过建筑自身的环境控制装置对外部环境的开放和关闭，使建筑物能够对一年四季变化多样的外界气候作出响应，就如同人们通过增减衣物来适应气候的变化，在建筑的生命周期内减少二氧化碳排放量，并最终将其减少到负值（图 2-19）。图 2-20 所示是建成的 LCCM 示范房。

LCCM 住宅设计采用带状平面结构，将室内不同活动分类置于带形区域，形成休息区、活动区、缓冲区三个行列式排布的不同功能区。采用多层结构，将视线、空调、阳光控制层以及隔热气密层等作用不同的层相互叠加，创造出具有不同属性的空间。竖向叠合采光孔洞、建筑出入口、通风

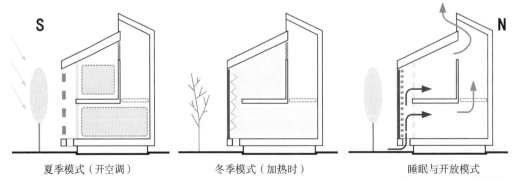

夏季模式（开空调）　　　冬季模式（加热时）　　　睡眠与开放模式

图 2-19　LCCM- 运行模式

图片来源：LCCM 住宅研究・开发委员会 .LCCM 住宅的设计手法 [M]. 东京：株式会社建筑技术，2012.

（a）外观　　　　　　　　　　（b）室内缓冲区

图 2-20　LCCM 示范房实景照片

图片来源：LCCM 住宅研究・开发委员会 . LCCM 住宅的设计手法 [M]. 东京：株式会社建筑技术，2012.

设施，开放的南向立面及北侧通风塔，为室内创造良好的采光及通风条件。使用高绝热玻璃木制气密蜂窝屏、木制防晒百叶窗、木制门具、卷屏等建筑构件作为环境控制装置，通过对各性能层进行开闭控制，调节建筑物理属性，实现对气候和生活方式的适宜性。

从建筑的全生命周期角度出发，居住建筑的碳排放构成主要包含其建造、使用与拆除三个阶段，但从碳排放量的计算角度来看，居住建筑的碳排放构成主要体现在其运行阶段、建造及拆除阶段、建材生产及运输阶段（图2-21），本节将以后者为标准对居住建筑碳排放的构成与计算进行论述。

2.5.1 居住建筑全生命周期碳排放构成

1）运行阶段

居住建筑运行阶段的碳排放量为建筑使用过程中的能耗所产生的碳排放，其主要构成内容包括暖通空调、生活热水、照明及电梯、可再生能源、建筑碳汇系统在建筑运行期间的碳排放量。其中，部分板块的碳排放构成又可细分为不同的方面。暖通空调系统能耗包括冷源能耗、热源能耗、输配系统及末端空气处理设备能耗。可再生能源系统包括太阳能生活热水系统、光伏系统、地源热泵系统和风力发电系统。

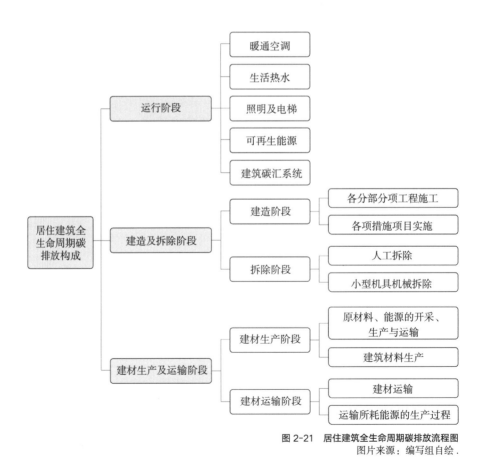

图 2-21 居住建筑全生命周期碳排放流程图
图片来源：编写组自绘.

2）建造及拆除阶段

居住建筑建造及拆除阶段的碳排放量构成主要包含建筑建造过程中的碳排放与建筑到达生命终点后拆除阶段的碳排放。建筑建造阶段的碳排放包括完成各分部分项工程施工产生的碳排放和各项措施项目实施过程产生的碳排放，各项措施项目包含脚手架、模板及支架、垂直运输、建筑物超高等可计算工程量的项目。建筑拆除阶段的碳排放包括人工拆除和小型机具机械拆除使用的机械设备消耗的各种能源动力产生的碳排放。

3）建材生产及运输阶段

居住建筑建材生产及运输阶段的碳排放量应包含建材生产阶段及运输阶段的碳排放，这两个阶段的碳排放构成包括建筑主体结构材料、建筑围护结构材料、建筑构件和部品等碳排放。建材生产阶段的碳排放包括原材料、能源的开采、生产与运输过程的碳排放及建筑材料生产过程的直接碳排放。建材运输阶段的碳排放包括建材从生产地到施工现场的运输过程中直接碳排放和运输过程所耗能源的生产过程碳排放。

2.5.2　居住建筑碳排放计算方法

居住建筑碳排放计算应以单栋建筑或建筑群为计算对象，根据不同需求按阶段进行计算，并可将分段计算结果累计为建筑全生命期碳排放。

1）运行阶段

建筑运行阶段碳排放量根据各系统不同类型能源消耗量和不同类型能源的碳排放因子确定，建筑运行阶段单位建筑面积的总碳排放量（C_M）应按下列公式（2-1）（2-2）计算：

$$C_M = \frac{[\sum_{i=1}^{n}(E_i EF_i) - C_p]y}{A} \tag{2-1}$$

$$E_i = \sum_{j=1}^{n}(E_{i,j} - ER_{i,j}) \tag{2-2}$$

式中　C_M——建筑运行阶段单位建筑面积的碳排放量（$kgCO_2/m^2$）；

　　　E_i——建筑第 i 类能源年消耗量（单位 /a）；

　　　EF_i——第 i 类能源的碳排放因子；

　　　$E_{i,j}$——j 类系统的第 i 类能源消耗量（单位 /a）；

　　　$ER_{i,j}$——j 类系统消耗由可再生能源系统提供的第 i 类能源量（单位 /a）；

　　　i——建筑消耗终端能源类型，包括电力、燃气、石油、市政热力等；

j——建筑用能系统类型，包括供暖空调、照明、生活热水系统等；

C_p——建筑绿地碳汇系统年减碳量（$kgCO_2/a$）；

y——建筑设计寿命（a）；

A——建筑面积（m^2）。

2）建造及拆除阶段

建筑建造阶段的碳排放量应按下式（2-3）计算：

$$C_{JZ} = \frac{\sum_{i=1}^{n} E_{JZ,i} EF_i}{A} \qquad (2-3)$$

式中　C_{JZ}——建筑建造阶段单位建筑面积的碳排放量（$kgCO_2/m^2$）；

$E_{JZ,i}$——建筑建造阶段第 i 种能源总用量（kWh 或 kg）；

EF_i——第 i 类能源的碳排放因子（$kgCO_2/kWh$ 或 $kgCO_2/kg$）；

A——建筑面积（m^2）。

建筑拆除阶段的单位建筑面积的碳排放量应按下式（2-4）计算：

$$C_{CC} = \frac{\sum_{i=1}^{n} E_{CC,i} EF_i}{A} \qquad (2-4)$$

式中　C_{CC}——建筑拆除阶段单位建筑面积的碳排放量（$kgCO_2/m^2$）；

$E_{CC,i}$——建筑拆除阶段第 i 种能源总用量（kWh 或 kg）；

EF_i——第 i 类能源的碳排放因子（$kgCO_2/kWh$）；

A——建筑面积（m^2）。

3）建材生产及运输阶段

建材生产及运输阶段的碳排放应为建材生产阶段碳排放与建材运输阶段碳排放之和，并应按下式（2-5）计算：

$$C_{JC} = \frac{C_{SC} + C_{YS}}{A} \qquad (2-5)$$

式中　C_{JC}——建筑生产及运输阶段单位建筑面积的碳排放量（$kgCO_2e/m^2$）；

C_{SC}——建材生产阶段碳排放（$kg\,CO_2e$）；

C_{YS}——建材运输阶段碳排放（$kg\,CO_2e$）；

A——建筑面积（m^2）。

建材生产阶段的碳排放量应按下式（2-6）计算：

$$C_{SC} = \sum_{i=1}^{n} M_i F_i \qquad (2-6)$$

式中　C_{SC}——建筑生产阶段碳排放量（$kg\,CO_2e$）；

M_i——第 i 种主要建材的消耗量；

F_i——第 i 种主要建材碳排放因子（kg CO_2e/ 单位建材数量）。

建材运输阶段的碳排放量应按下式（2-7）计算：

$$C_{YS} = \sum_{i=1}^{n} M_i D_i T_i \tag{2-7}$$

式中　C_{YS}——建筑运输过程碳排放量（kg CO_2e）；

　　　M_i——第 i 种主要建材的消耗量（t）；

　　　D_i——第 i 种建材平均运输距离（km）；

　　　T_i——第 i 种建材的运输方式下，单位重量运输距离的碳排放因子
　　　　　　 [kg CO_2e/（t·km）]。

思考题

1. 在居住建筑低碳设计的影响要素中，哪些要素对建筑的碳排放影响最为重要？

2. SI 建筑体系对降低居住建筑碳排放主要体现在哪些方面？

3. 居住建筑的设计应从哪些方面入手来降低建筑碳排放？

参考文献

［1］ 刘恩芳 .5+ 维度：城市设计视角的低碳生态社区研究与实践 [M]. 北京：中国建筑工业出版社，2022.

［2］ 胡仁禄，周燕珉 . 居住建筑设计原理 [M].3 版 . 北京：中国建筑工业出版社，2018.

［3］ 宋福玲，孙婷婷 . 关于居住区节能规划设计的探讨 [J]. 科技信息，2010（27）：2.

［4］ 郑宝琴 . 试论住宅小区园林景观绿化植物合理配植 [J]. 居业，2023（12）：77-79.

［5］ 魏帆 . 基于低碳理念的城市绿化景观研究 [J]. 居舍，2024（1）：153-156.

［6］ 张建，郭星秀 . 绿色住区慢行交通指标体系框架构建研究 [J]. 住区，2023（2）：24-31.

［7］ 徐伟 . 低碳住宅与社区应用技术导则 [M]. 北京：中国建筑工业出版社，2012.

［8］ 周静敏 . 工业化住宅概念研究与方案设计 [M]. 北京：中国建筑工业出版社，2019.

［9］ 刘东卫 .SI 住宅与住房建设模式 体系·技术·图解 [M]. 北京：中国建筑工业出版社，2016.

［10］刘东卫 .SI 住宅与住房建设模式 理论·方法·案例 [M]. 北京：中国建筑工业出版社，2016.

［11］刘东卫 . 百年住宅：面向未来的中国住宅绿色可持续建设研究与实践 [M]. 北京：中国建筑工业出版社，2018.

［12］刘加平 . 绿色建筑：西部践行 [M]. 北京：中国建筑工业出版社，2015.

［13］杨柳，郝天，刘衍，等 . 传统民居的干热气候适应原型研究 [J]. 建筑节能（中英文），2021，49（11）：105-115.

［14］何泉，刘加平，杨柳，等 . 西部农村乡土民居建筑的再生 [J]. 西部人居环境学刊，2016，31（1）：46-49.

［15］LCCM 住宅研究・开发委员会 .LCCM 住宅的设计手法 [M]. 东京：株式会社建筑技术，2012.

［16］李岳岩，张凯，李金潞 . 居住建筑全生命周期碳排放对比分析与减碳策略 [J]. 西安建筑科技大学学报（自然科学版），2021，53（5）：737-745.

注释：

【2.5.2 居住建筑碳排放计算方法】中：

EF_i 按《建筑碳排放计算标准》GB/T 51366—2019 附录表 A 取值；

F_i 按《建筑碳排放计算标准》GB/T 51366—2019 附录表 D 取值；

T_i 按《建筑碳排放计算标准》GB/T 51366—2019 附录表 E 取值。

第3章 居住建筑低碳技术措施

3.1 可再生能源利用	3.1.1 可再生能源定义与类型	风能	太阳能	水能	生物质能	地热能	潮汐能
	3.1.2 太阳能系统	被动式太阳能系统			主动式系统		
	3.1.3 地源热泵系统	空气源热泵			水源热泵		
	3.1.4 生物质能系统	生物质原料			清洁取暖		
	3.1.5 联合应用系统	太阳能-空气源热泵联合供热系统			太阳能-沼气联合发电		
3.2 低碳用材与建造技术	3.2.1 建筑主体结构	钢筋混凝土结构		砌体结构			
	3.2.2 外围护结构	屋面系统	外墙系统	外门窗系统			
	3.2.3 设备管线系统	电气系统	给水排水系统	暖通空调系统			
	3.2.4 模块化内装部品	集成化部品	模块化部品	内装门窗系统			
3.3 室内环境调控技术	3.3.1 供暖与空调系统	供暖系统		空调系统			
	3.3.2 照明系统	自然光	照明灯具	照明控制装置			
	3.3.3 新风系统	送风系统		排风系统			
	3.3.4 智能化监测系统	照明	供暖 通风 空调	太阳能利用	给水排水	节能窗	

在居住建筑的全生命周期中，建筑材料生产、建筑施工建造、建筑运行维护这几个重要的阶段都与低碳的建筑材料与创新技术应用密切相关，采取低碳的建筑技术措施能够有效地降低建筑过程中的能耗和碳排放。因此，在居住建筑的设计与实践中，从开源、节流、长寿三个维度，围绕可再生能源利用、低碳用材与建造技术、室内环境调控技术三方面展开居住建筑低碳技术措施的应用，是实现居住建筑低碳化的重要手段。

可再生能源是一种在自然界可以循环再生，不需要人力参与便会自动再生的能源。可再生能源分布广泛，是取之不尽、用之不竭的清洁能源。在居住建筑中充分利用可再生能源，不仅有助于减少碳排放，还能实现可持续的能源供应，形成健康舒适的居住环境，因此，可再生能源的利用是实现低碳居住建筑的重要手段之一。

3.1.1 可再生能源定义与类型

可再生能源是指风能、太阳能、水能、生物质能、地热能、潮汐能等非化石能源，大多是太阳光加热地球上的空气和水的结果。其中，太阳能是指太阳的热辐射能，主要表现就是常说的太阳光线。风能是指地球表面大量空气流动所产生的动能。地热能是由地壳抽取的天然热能，这种能量来自地球内部的熔岩，并以热力形式存在。生物质能是指太阳能以化学能形式贮存在生物质中的能量形式，即以生物质为载体的能量。潮汐能是从海水面昼夜间的涨落中获得的能量。目前我国居住建筑中较为常用的有太阳能、地热能和生物质能。

3.1.2 太阳能系统

1）被动式太阳能系统

被动式太阳能系统主要指用房屋结构自身来完成集热、贮热和放热功能的供暖系统。采用被动式太阳能系统的建筑，是通过建筑朝向的合理选择和周围环境的合理布置，内部空间和外部形体的巧妙处理，以及建筑材料和结构、构造的恰当选择，使其在冬季能集取、蓄存并分布太阳能，从而解决建筑物的供暖问题；同时在夏季通过采取遮阳等措施又能遮蔽太阳辐射，及时地散逸室内热量，从而解决建筑物的降温问题。居住建筑量大面广，宜采用被动式太阳能系统来实现节能减排。

（1）供暖方式

被动式太阳能系统主要有以下三种基本类型：直接受益式、集热蓄热墙式、附加阳光间式，其造价低廉、节能效益显著，因而在居住建筑的实际建造中被大量使用。此外，对流环路式与蓄热屋顶也属于被动式太阳能供暖方式。

①直接受益式

直接受益式是让阳光直接透过较大面积的南向窗户照射进室内。这种方式升温快速，构造简单，无需特殊的集热装置，建筑形式处理较灵活。晴天时升温快，白天室温高，较适用于主要在白天活动使用的房间或空间，例如居住套型的起居空间、卧室等。但昼夜温差较大，在夜间也要经常使用的空间，则需要在室内布置足量的蓄热材料以保持稳定的室温，同时，为减少夜间窗户处的热损失，还应设置保温窗帘或保温窗板（图3-1）。

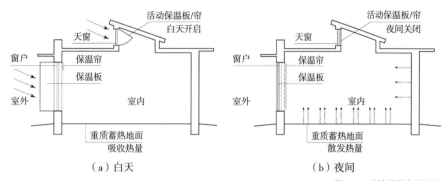

图 3-1　直接受益窗原理图
图片来源：被动式太阳能建筑设计：15J908—4[s].

②集热蓄热墙式

集热蓄热墙又称特朗勃墙，是在建筑南向外墙除窗户以外的墙面上覆盖玻璃，墙体表面涂刷成黑色，在墙的上、下留有通风口，以使热风自然对流循环，从而把热量交换到室内（图3-2）。

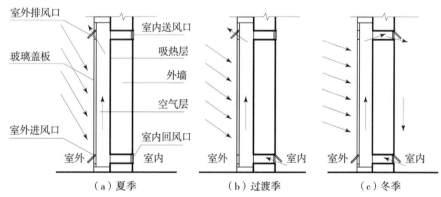

图 3-2　集热蓄热墙原理图
图片来源：被动式太阳能建筑设计：15J908—4[s].

③附加阳光间式

附加阳光间一般都是居住套型的多功能房间，在建筑整体造价增加不多的前提下建造，可以为居住套型扩大使用空间的面积，并且通过阳光间的设置增加对建筑内部空间的保温隔热效果。附加阳光间一般会在顶部设置部分倾斜玻璃面，这样可以大大增加集热量，但是倾斜部分在雨雪量大的地区应考虑有足够的强度以保证安全（图3-3）。

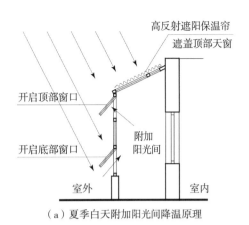

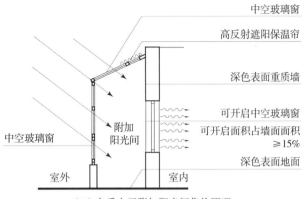

（a）夏季白天附加阳光间降温原理　　　　　　　　（b）冬季白天附加阳光间集热原理

图 3-3　附加阳光间原理图
图片来源：被动式太阳能建筑设计：15J908—4[s].

④对流环路式

对流环路式系统由太阳能集热墙、蓄热物质和通风道组成，构成室内空气循环对流系统，弥补室内直接接受太阳能的不足（图 3-4）。其集热和蓄热量较大，蓄热体的位置布置合理，能获得较好的室内热环境，但是系统的构造较复杂，造价较高。

⑤蓄热屋顶

蓄热屋顶适合冬季不太寒冷且纬度较低地区的居住建筑。系统中保温盖板的热阻要大，封装蓄热材料的容器密闭性要好（图 3-5）。条件允许的话采用相变材料，可有效提高热效率。

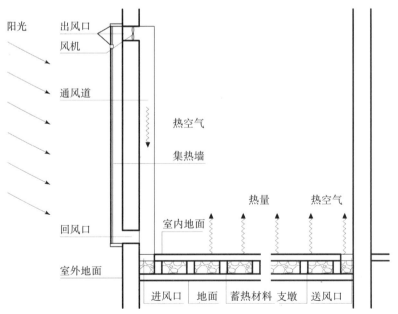

图 3-4　对流环路式集热原理图
图片来源：被动式太阳能建筑设计：15J908—4[s].

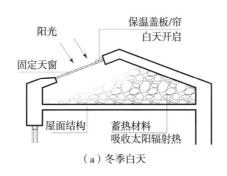
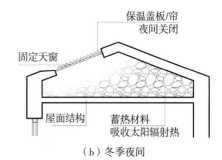

（a）冬季白天　　　　　　　　　　（b）冬季夜间

图3-5　蓄热屋顶原理图

图片来源：被动式太阳能建筑设计：15J908—4[s].

（2）适用地区

依据当地的太阳辐照度和温度，可将全国不同地区分为最佳气候区、适宜气候区、一般气候区和不宜气候区，被动式太阳能供暖系统以此分别采用不同的供暖方式。

2）主动式系统

主动式太阳能利用主要有主动式太阳能供暖系统和太阳能光伏发电系统，两种方式都需要在建筑中设置一定的设备系统才能实现对太阳能的利用。

（1）主动式太阳能供暖系统

主动式太阳能供暖系统的热媒介质主要有水和空气，目前以太阳能热水供暖系统应用更为普遍。主动式太阳能热水供暖系统主要包括集热、蓄热、辅助加热、散热和控制等子系统（图3-6）。系统良好运行的关键是集热、蓄热和散热系统的合理设计及优化匹配。

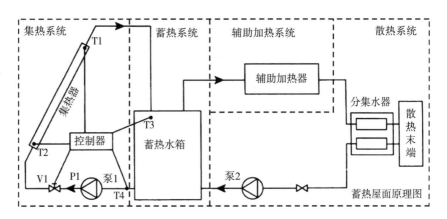

T1—集热器出口温度信号；　T2—集热器进口温度信号；　T3—水箱上部温度信号；
T4—水箱下部温度信号；　V1—集热系统阀门启闭信号；　P1—集热系统循环水泵启闭信号

图3-6　主动式太阳能供暖系统示意图

图片来源：刘艳峰，王登甲.太阳能采暖设计原理与技术[M].北京：中国建筑工业出版社，2016.

（2）太阳能光伏发电系统

太阳能光伏发电系统是指利用太阳能辐射直接转变成电能的发电方式，系统由太阳能电池组（也叫太阳能电池板）、太阳能控制器、蓄电池（组）组成。其工作原理是：在白天光照条件下，太阳能电池组件接受太阳光照、产生一定电动势，通过组件的串并联形成太阳能电池方阵，使方阵电压达到系统输入电压要求，再通过充放电控制器对蓄电池进行充电，将光能转换来的电能贮存起来。晚上，蓄电池组为逆变器提供输入电，通过逆变器作用将直流电转换成交流电输送到配电柜，再由配电柜的切换作用进行供电。光伏发电是当今太阳能发电的主流，也在太阳能富集地区的居住建筑中应用广泛（图3-7）。

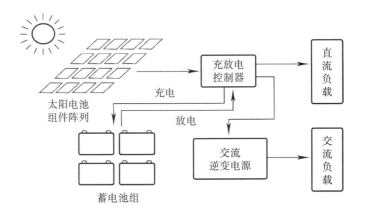

图3-7　太阳能光伏发电系统示意图
图片来源：编写组自绘．

3.1.3　地源热泵系统

在建筑设计中所应用的地热能是利用了地深层的常温效应通过地源热泵系统而实现的。从地面向下达到一定深度以后（约15~30m），地温不再受太阳辐射的影响，常年保持不变，这一深度范围叫作常温层。地源热泵是以岩土体、地下水或地表水为低温热源，由水源热泵机组、地热能交换系统、建筑物内系统组成的供热空调系统。一般可分为空气源热泵与水源热泵。

1）空气源热泵

空气源热泵是一种利用高位能使热量从低位热源空气流向高位热源的节能装置，是热泵的一种形式。热泵可以把不能直接利用的低位热能（如空气、土壤、水中所含热量）转换为可以利用的高位热能，从而达到节约部分高位热能（如煤、燃气、油、电能等）的目的。

2）水源热泵

水源热泵又可以分为地表水地源热泵系统、污水源热泵系统和地下水地源热泵系统。地表水地源热泵系统是与地表水进行热交换的地热能交换系统，分为开式地表水换热系统和闭式地表水换热系统。污水源热泵系统是与城市污水进行热交换的热能交换系统，可分为直接式污水换热系统和间接式污水换热系统。地下水地源热泵系统是与地下水进行热交换的地热能交换系统，分为直接地下水换热系统和间接地下水换热系统。

3.1.4　生物质能系统

生物质能系统主要利用生物质能进行清洁取暖。生物质能清洁取暖利用各类生物质原料及其加工转化形成的固体、气体、液体燃料，在专用设备中清洁燃烧供暖。主要包括达到相应环保排放要求的生物质热电联产、生物质锅炉、生物质成型炉具等。生物质能清洁取暖，布局灵活，适应性强，适宜就近收集原料、就地加工转换、就近消费、分布式开发利用。

在北方供暖地区生物质资源丰富的城镇、乡村的民居建筑中，常见这种取暖方式，即利用农林剩余物或其加工形成的生物质成型燃料，在专用锅炉中清洁燃烧用于供暖。在乡村地区，采用生物质颗粒加生物质专用炉具，不仅技术可行，而且不会大幅度地改变当地农户的生活习惯，可在农村清洁取暖中发挥更大作用。因此，应大力推进生物质成型燃料替代散烧煤，成为农村清洁取暖的新模式。

3.1.5　联合应用系统

联合应用系统在居住建筑中常见的有太阳能 – 空气源热泵联合供热系统与太阳能 – 沼气联合发电两种方式。

1）太阳能 – 空气源热泵联合供热系统

该系统是太阳能辅助加热与空气源热泵相结合作为集中热水系统的热源。在日光充足时优先使用太阳能加热热水，在太阳能不能满足热水供应时，由空气源热泵将太阳能产生的低温热水加热至供水要求的温度。空气源热泵热水机组与太阳能集热系统相比，最大优势在于只要室外环境温度在机组运行范围内就可以全天候直供热水，弥补了太阳能系统本身存在的缺陷；同时在相同条件下，机组占地面积远小于太阳能集热板的占地面积。太阳能辅助加热与空气源热泵相结合，其目的在于取长补短，优势互补，对于大量的居住建筑来说是一种理想的供热方式。

2）太阳能 - 沼气联合发电

太阳能与沼气联合发电系统在连续发电的过程中具有双重保障。其中，沼气锅炉为第一重保障，蓄电池、储热罐为第二重保障，从而提高了系统供电的可靠性。与单一的太阳能光伏发电系统或沼气发电系统相比，太阳能 - 沼气联合发电是能够完全摆脱不可再生的化石能源的绿色能源利用新技术。

居住建筑的材料使用和施工建造技术，极大地影响着建筑在建造、使用、运维过程中的能源消耗和二氧化碳排放。其建筑主体结构、外围护结构、设备管线系统、内装部品系统，从建筑设计阶段就应以低碳选材、节能减排、安全耐久、灵活便捷为宗旨，是居住建筑实现绿色低碳的重要保障。

3.2.1 建筑主体结构

为实现居住建筑在全生命周期满足住户不断变化的生活需求，合理布局居住生活空间，应当鼓励大开间、内部空间灵活可变的建筑形式，在材料选择与施工建造时，要保证安全可靠、耐久性好，也要尽量减少后期可能出现的改造或拆除所造成的资源浪费。

1）钢筋混凝土结构

当前在城市住房建设中，要获得大开间平面形式，以钢筋混凝土的剪力墙结构和框架－剪力墙结构为主，采取现浇式或预制装配式来完成。

（1）现浇式钢筋混凝土结构

整体现浇式结构的抗震性能较好，可选用大跨度现浇混凝土空心楼板（图3-8）。板内预埋薄壁塑料管或箱体以减轻自重，然后配筋、浇筑混凝土。这种楼板成本低，结构性能优越，施工周期短。通常其跨度在8~12m，其板厚一般为200~400mm，降低结构梁高约300mm。

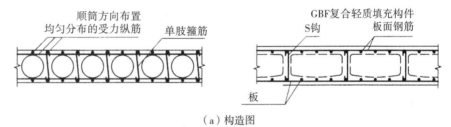

（a）构造图

（b）实景照片

图3-8 现浇混凝土空心楼板构造示意图
图片来源：编写组改绘自杨维菊.建筑构造设计（上册）[M].2版.北京：中国建筑工业出版社，2020.

（2）装配式钢筋混凝土结构

装配式钢筋混凝土结构主要有装配式剪力墙结构与装配式框架－剪力墙结构两种形式。装配式剪力墙结构由预制内外墙板、预制楼板、预制楼梯板和阳台板等组成；装配式框架－剪力墙结构由预制框架梁、预制框架柱、预制外墙挂板、预制楼梯板等组成（图3-9）。要提高装配式住宅的抗震整体性，宜采用预制薄板叠合楼板，以预制楼板作底模，然后在上面浇筑现浇层。这样的建造方式，既具有现浇式楼板整体性好的特点，也兼顾了装配式楼板施工简单、工期较短、省模板的优点。

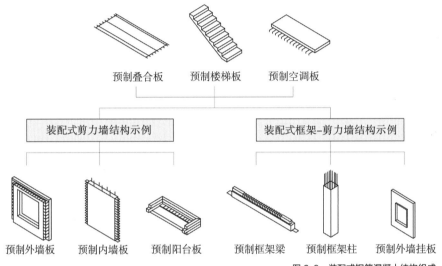

图 3-9　装配式钢筋混凝土结构组成
图片来源：《装配式住宅建筑设计标准》图示：18J820[s].

2）砌体结构

当前，在我国广大的乡村地区，仍然以建造低层、多层的砌体结构居住建筑为主。虽然难以实现大开间灵活可变，但是因其建设量大、涉及区域范围广，因此，在砌体材料选择上，应更加注重地方性适宜材料的应用和节能效果的要求。

应利用轻型砌块材料形成居住建筑自保温墙体，将结构层与保温层合成一体，增大围护结构的热阻值和热惰性指标，减少建筑物与环境的热交换。这是夏热冬冷和夏热冬暖地区建筑节能的有效措施之一，在寒冷和严寒地区还需要与外保温或内保温相结合。

目前应用较多的自保温墙体材料有加气混凝土砌块、轻集料混凝土空心砌块、陶粒自保温砌块、泡沫混凝土砌块、复合自保温砌块、空心砖和多孔砖等（图3-10）。砌筑时应采用热导率小的专用配套砂浆，墙体与不同材料的交接处应采用加强网加强。

（a）加气混凝土砌块　　（b）泡沫混凝土砌块　　（c）复合自保温砌块　　（d）多孔砖

图 3-10　自保温墙体材料
图片来源：编写组自摄.

3.2.2　外围护结构

外围护结构中屋面系统、外墙系统的保温隔热、绿化种植，以及外门窗系统的气密性能，对于居住建筑使用、运维过程中的能耗降低作用巨大。

1）屋面系统
（1）屋面保温

屋面保温有正置式和倒置式两种形式（图 3-11）。

①正置式保温屋面

保温层放在结构层之上、防水层之下，成为封闭的保温层，称为正置式保温，也叫作内置式保温。

②倒置式保温屋面

倒置式保温屋面是将保温层做在防水层之上。保温层应选用表观密度小、压缩强度大、导热系数小、吸水率低，且长期浸水不变质的保温材料，如聚苯乙烯泡沫塑料板、硬泡聚氨酯板等。

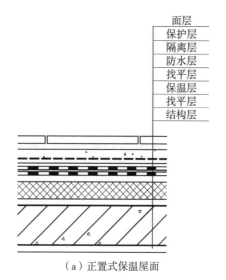

（a）正置式保温屋面

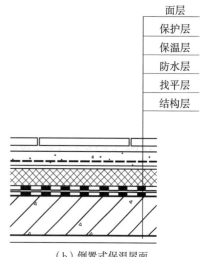

（b）倒置式保温屋面

图 3-11　屋面保温构造示意图
图片来源：平屋面建筑构造：12J201[s].

（2）屋面隔热

屋面隔热包括实体材料隔热、通风隔热、蒸发散热和反射隔热四种方式。

①实体材料隔热

常见做法有铺设保温隔热板，或面层做大阶砖等硬质铺面，或设置堆土或砾石等重质材料，种植屋面的种植土层也能起到实体材料隔热的效果。利用重质材料的蓄热性、热稳定性和传导时间的延迟性来做隔热屋顶对于屋面隔热效果显著。

②通风隔热

在屋顶设置通风的空气间层，利用空气的流动带走热量。一般分两种做法：一种是通风层设在结构层下面，做成顶棚通风层；另一种是通风层设在结构层上面，采用架空大阶砖或预制板的方式。

③蒸发散热

通过组织空气对流来形成屋顶内的自然通风，从而减少下层板面传递到室内的热量，达到隔热降温的目的。这种构造能够有效地降低室内温度，提供更加舒适的生活环境。例如蓄水屋面及淋水屋面等。

④反射隔热

屋顶表面涂刷成浅色，利用浅色反射一部分太阳辐射热，以达到降温的目的，如铺浅色砾石、刷银粉等，或做镀锌铁皮屋面。

（3）种植屋面

种植屋面是以建筑物屋顶为依托，根据建筑屋顶的结构特点、荷载和屋顶上的生态环境条件，选择生长习性与之相适应的植物，通过一定的技术，在建筑物顶部及一些特殊空间建造绿色景观的一种空间绿化形式，同时也能够对建筑内部空间的保温隔热性能起到良好的调节作用（图3-12）。

种植屋面需要注意以下问题：

①防水和排水

各种植物都具有很强的穿刺能力，为防止屋面渗漏，应先在屋面铺设1~2道耐水、耐腐蚀、耐霉烂的卷材或涂料作柔性防水层，其上再铺一道聚乙烯土工膜、聚氯乙烯卷材、

图3-12　种植屋面示意图（成都七一城市森林花园）
图片来源：编写组自摄.

聚烯烃卷材等，作为耐根系穿刺防水层，保证屋面不被植物根系穿透而造成屋面渗漏。

②合理选择种植土壤

种植槽的土壤必须具有重量小、疏松透气、保水保肥、适宜植物生长和清洁环保等性能，一般需要采用各类介质来配置人工土壤。目前一般选用泥炭、腐叶土、发酵过的醋渣、绿保石、蛭石、珍珠岩、聚苯乙烯珠粒等材料，按一定的比例配制而成。

③房屋结构安全

屋顶的绿化形式应考虑以绿色植物为主，尽量少用建筑小品，后者也应选用轻型材料，如 GRC 塑石假山、PC 仿木制品等，树槽、花坛等重物应设置在承重墙或梁上部，以确保建筑的结构安全。

④地域性植物选择

种植屋面的植物选择应符合地域特点，优先选择对当地的土壤和气候适应性强的乡土植物，以便减少后期的维护费用。

2）外墙系统

（1）墙体保温

墙体保温以保温墙体来实现。保温墙体可分为单一材料保温墙体和复合材料保温墙体。单一材料保温又称为自保温。复合材料保温根据与主体结构位置的不同，又分为外保温、内保温及夹芯保温（图 3-13）。

①外保温墙体

外保温墙体是指保温层位于主体结构的室外一侧，是目前较为成熟的节能措施，起到保护主体结构、延长建筑物寿命的作用，基本消除了热桥的影响，有利于保持室内稳定，改善室内热环境质量，便于对既有建筑物进行节能改造。然而，外保温对材料的要求较严格，对保温材料的耐候性、耐久性、防火性提出了较高的要求。

外保温墙体有一类复合保温板，或称一体化板材，是把保温节能和诸如装饰、结构模板等其他功能结合在一起的装配式板材，具有保温、隔声、装饰等一体化功能，通过预埋件或后锚固锚栓等方法外挂于混凝土主体结构，适用建筑高度不宜超过 100m。

②内保温墙体

内保温墙体是指将保温材料复合在墙体内侧，技术并不复杂，施工简单易行，在满足承重要求及节点不结露的前提下，墙体可适当减薄。由于保温材料强度较低，需设覆盖层保护。

③夹芯保温墙体

夹芯保温墙体是指在墙体中间安设岩棉、矿棉板、聚苯板、玻璃棉板。

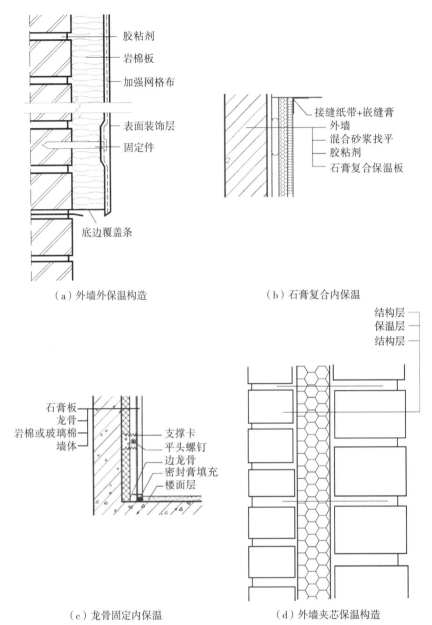

（a）外墙外保温构造　　　　　　　　　　（b）石膏复合内保温

（c）龙骨固定内保温　　　　　　　　　　（d）外墙夹芯保温构造

图 3-13　外墙体保温构造图

图片来源：建筑外保温：19BJ2—12[s]；公共建筑节能构造 夏热冬冷、夏热冬暖地区：17J908—2[s]；
夹心保温墙建筑与结构构造：16J107、16G617[s].

将保温材料设置在外墙中间，有利于发挥墙体材料本身对外界环境的防护作用。需要做好内外墙间的牢固拉结，这一点特别是在地震区更要重视。

（2）墙体隔热

①重质材料隔热

常见的重质材料包括混凝土、砖等。这些材料的热容量大，能够有效地吸收和储存热量，从而减缓室内温度的变化速度，提高墙体的隔热性能。为了提高墙体的隔热性能，可以在墙体的内侧或外侧加设隔热层，采用双排或三排孔混凝土或轻骨料混凝土空心砌块墙体。

②墙体通风隔热

这是一种利用通风效应来提高墙体隔热性能的技术。通过在墙体中设置通风通道，或利用墙体材料的多孔性，或安装通风器，使墙体具有一定的通风换热功能，从而降低墙体的温度，减少室内外的热量传递。

（3）墙体绿化

利用建筑墙面或墙面构件承载绿化，对建筑有一定的隔热和遮阳功能。墙体绿化多选择自重不大的攀缘植物或垂吊植物。具体有附壁式、构件辅助式、种植槽式和模块式四大类（图3-14）。

①附壁式

依靠植物自身的攀爬特点，在墙面上形成遮阳层，适合于墙体表面较为粗糙的情况。这种形式造价低、形式简单，但是由于叶片距离墙体过近，叶片背面的空气不流通，会影响墙体的散热效果。

②构件辅助式

在建筑物上附加构件，或者在墙体外侧搭建网架，使植物攀缘生长。常用金属格栅或金属丝网，形成双层表皮外墙。

③种植槽式

结合建筑立面设置适当尺寸的种植槽，或通过构件安装种植箱或种植盆。这种方式需保证深度在450mm以上，宽度在300mm以上，并采用灌溉和排水措施。

（a）附壁式　　　　　　　　　（b）构件辅助式　　　　　　　　（c）种植槽式

图3-14　墙体绿化分类
图片来源：编写组自摄.

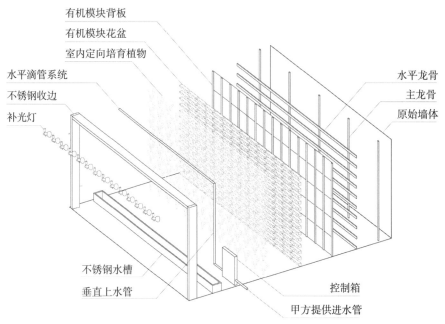

有机模块背板
有机模块花盆
室内定向培育植物
水平滴管系统
不锈钢收边
补光灯
水平龙骨
主龙骨
原始墙体
不锈钢水槽
垂直上水管
甲方提供进水管
控制箱

图 3-15　模块式墙体绿化结构示意图
图片来源：编写组自绘．

④模块式

以有机高分子材料制成容器，结构部分采用龙骨支撑，龙骨固定好之后，将植物墙有机模块分子卡在龙骨之上，安装简单、拆装方便。每一个模块可单独拆卸，便于更换（图 3-15）。

3）外门窗系统

（1）节能门窗

为提高门窗的保温性能，应采用普通中空玻璃、Low-E 中空玻璃、充惰性气体的 Low-E 中空玻璃、多层中空玻璃、Low-E 真空玻璃等。严寒地区可采用双层外窗。采用中空玻璃时，中空玻璃的气体间隔层厚度不宜小于9mm。

为提高建筑门窗的隔热性能，降低遮阳系数，可采用单片吸热玻璃、单片镀膜玻璃、吸热中空玻璃、镀膜中空玻璃、涂膜玻璃等。

按照门窗框的材料分，有塑料节能门窗、断桥铝合金门窗、铝塑节能门窗、铝木节能门窗、木塑铝节能门窗等多种类型。

铝木复合门窗是采用铝合金型材与木型材通过连接卡件或螺钉等连接方式制作的框、扇构件的门窗。室外侧采用高精级铝合金，室内侧采用实木指接芯材或薄皮，具有气密性好、隔声好、保温性能优越等特点。其可分为铝包木和木包铝两种复合门窗，其中，铝包木由于木材占主体，其节能效果更好（图 3-16）。

（a）铝包木门窗　　　　　　　　（b）木包铝门窗

图 3-16　铝木复合门窗构件示意图

图片来源：编写组自摄.

（2）门窗遮阳

理想的门窗遮阳装置应能够在保证良好的视野和自然通风的前提下，最大限度地遮挡太阳辐射。设置在外门窗上的外遮阳装置是防止日照的最有效方法，并且这种装置对建筑的美观有着最显著的影响。遮阳装置可分为固定式和活动式两种，同时也可借助绿化进行遮阳。

①固定式遮阳

建筑外门窗遮阳的类型很多，可以利用建筑的其他构件，如挑檐、隔板或各种凸出构件，也可以专为遮阳目的而单独设置，有水平式、垂直式、挡板式、综合式、格栅式等多种形式（图 3-17）。固定式遮阳的优点是简单，但却难以做到根据住户的室内需求进行控光，现实中因其造价与维护成本低廉较为常用（图 3-18）。

②活动式遮阳

活动式遮阳比固定式遮阳在应对天气和时间的变化方面更为优越，可以按住户需要控制进入室内的阳光，达到最有效地利用和限制太阳辐射的目的。但这种遮阳装置造价和运行维护成本相对较高。

安装在窗口外部的遮阳卷帘也是一种非常有效的活动式遮阳装置（图 3-19）。它的材料可以是柔软的织物，也可以由硬质的金属条制成。这种

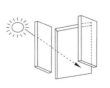

（a）水平遮阳　　　（b）垂直遮阳　　　（c）挡板遮阳　　　（d）综合遮阳

图 3-17　基本遮阳方式的应用

图片来源：改绘自中国建筑工业出版社，中国建筑学会.建筑设计资料集 [M].3 版.

北京：中国建筑工业出版社，2017.

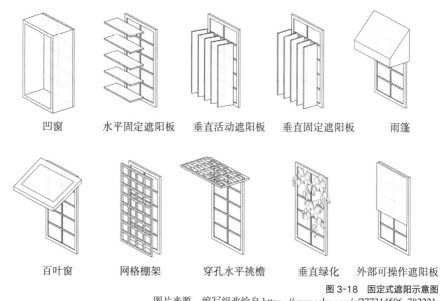

凹窗　　水平固定遮阳板　垂直活动遮阳板　垂直固定遮阳板　雨篷

百叶窗　　网格棚架　　穿孔水平挑檐　　垂直绿化　外部可操作遮阳板

图 3-18　固定式遮阳示意图

图片来源：编写组改绘自 https://www.sohu.com/a/277314506_782221.

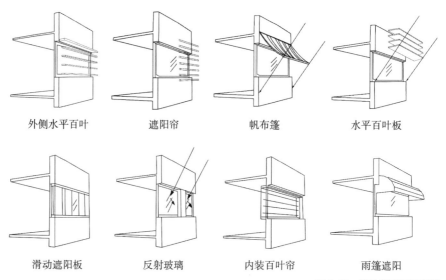

外侧水平百叶　　遮阳帘　　　帆布篷　　　水平百叶板

滑动遮阳板　　反射玻璃　　内装百叶帘　　雨篷遮阳

图 3-19　简易式活动遮阳设施

图片来源：中国建筑工业出版社，中国建筑学会.建筑设计资料集 [M].3 版.
北京：中国建筑工业出版社，2017.

装置特别适用于居住建筑中难以处理的东向及西向的外窗处。

③绿化遮阳

居住建筑外窗的绿化遮阳可以采用攀缘植物或树木。但是与墙面或屋面绿化遮阳不同的是，窗户绿化遮阳还要考虑夏季的采光和通风，以及窗户的开启和关闭。因此，一般不宜用攀缘植物直接沿窗遮阳，而多采用种植槽的方式（图 3-20 ）。

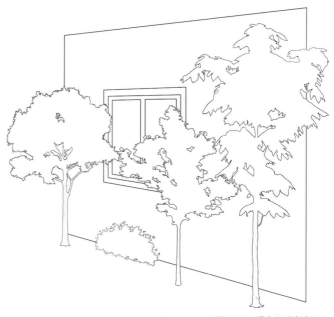

图 3-20 灌木和乔木遮阳
图片来源：编写组改绘自 https://www.sohu.com/a/277314506_782221.

3.2.3 设备管线系统

在既往传统的居住建筑设计施工建造中，设备管线系统多以埋设在建筑主体中的方式完成。这给后期设备系统的维护维修，以及当住户生活发生变动需要进行空间改造时都制造了诸多困难，随之产生的大量改造或拆除造成严重的资源浪费，也极大地干扰了居民的正常生活，严重影响居住品质。因此，低碳居住建筑应采用建筑主体结构与建筑设备管线相分离的建造技术，以减少资源的消耗与浪费。

1）电气系统
（1）带状电线关键技术

带状电线敷设是配线不埋设在建筑主体结构中，而是敷设在吊顶内架空层、轻钢龙骨隔墙空腔内或墙体架空层内、架空地板下的架空层内（图 3-21、图 3-22），在这些空腔内进行强弱电管线的交叉粘贴。与建筑结构主体相分离式的带状电线施工技术，其优势在于管线不埋设于主体结构内，便于后期的翻新更换与调整，尤其是在室内装修吊顶时，能够节省吊顶部分的空间高度（图 3-23）。

（2）烟气直排关键技术

烟气直排是在居住建筑中不采用排烟道来对各户住宅厨房或卫生间进行集中排烟，而是将抽油烟机或卫生间排风管的排烟口直接设置在外墙上

图 3-21　带状电线实景照片

图片来源：刘东卫. SI 住宅与住房建设模式 体系·技术·图解 [M]. 北京：中国建筑工业出版社，2016.

（a）吊顶内架空层　　　　　（b）轻钢龙骨隔墙空腔　　　　　（c）墙体架空层

图 3-22　电气管线敷设实景照片

图片来源：刘东卫. SI 住宅与住房建设模式 体系·技术·图解 [M]. 北京：中国建筑工业出版社，2016.

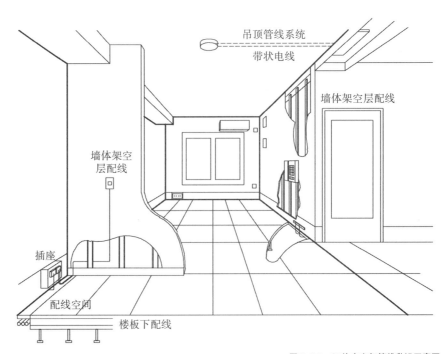

图 3-23　SI 住宅电气管线敷设示意图

图片来源：刘东卫. SI 住宅与住房建设模式 体系·技术·图解 [M]. 北京：中国建筑工业出版社，2016.

（图 3-24），各户独立完成排烟。为了减轻油烟对外墙的污染，相配套的抽油烟机需要拥有较高的油烟过滤能力。这种烟气直排技术可以将厨房油烟或卫生间废气直接排放到室外，减少相互干扰且户间产权分明（图 3-25）。同时，烟气直排能够防止户间公共排烟道窜风，有利于户间防火和后期维护，防止病菌传播。

图 3-24　自然排风口示意图
图片来源：刘东卫 . SI 住宅与住房建设模式 体系・技术・图解 [M]. 北京：中国建筑工业出版社，2016.

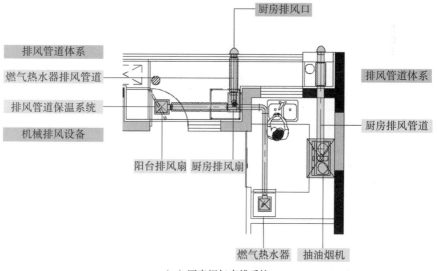

厨房排风口

排风管道体系
燃气热水器排风管道
排风管道保温系统
机械排风设备

排风管道体系

厨房排风管道

阳台排风扇　厨房排风扇

燃气热水器　抽油烟机

（a）厨房烟气直排系统

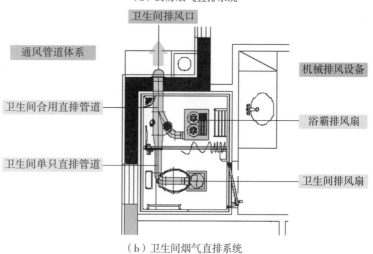

卫生间排风口

通风管道体系

机械排风设备

卫生间合用直排管道

浴霸排风扇

卫生间单只直排管道

卫生间排风扇

（b）卫生间烟气直排系统

图 3-25　烟气直排系统
图片来源：刘东卫 . SI 住宅与住房建设模式 体系・技术・图解 [M]. 北京：中国建筑工业出版社，2016.

（3）燃气报警系统技术

燃气报警系统的干式工法施工技术通常包括安装探测器、传感器和报警设备，确保其有效运行和覆盖相应区域，并应合理布局管道和设备，以及施行定期的维护。

2）给水排水系统

（1）集中管井关键技术

在建筑的公共区域设置集中管井，尽可能地将排水立管安装在公共区域内，通过横向排水管将各个用水空间的给水排水管连接到集中管井内（图3-26）。采用集中管井技术能够将给水排水的设备管线高度集成、集中地设置在管井内，集中管井设置在套外公共空间，管井内采用排水集合管，同时连接各户排水分管。这种套外公共空间设置集中管道井的方式，减少了因管道井设置在套内对上下层相邻住户产生的干扰，有利于和谐邻里关系的形成，也提升了居住的品质，同时能够设置不影响套内其他空间使用的检修口，更方便后期的维护管理和改造变更（图3-27、图3-28）。

（2）同层排水关键技术

通过架空地板下的架空层或采用局部降板的方式，实现同层排水（图3-29）。排水横支管布置在本层的架空层或降板区域内，用水器具的排水

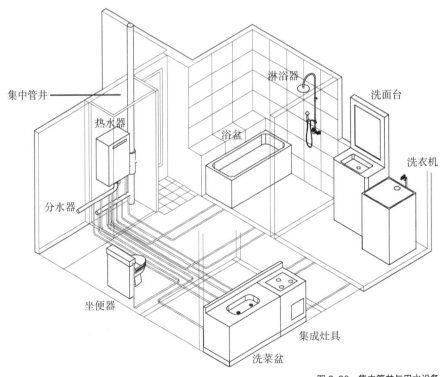

图3-26　集中管井与用水设备

图片来源：刘东卫. SI住宅与住房建设模式 体系·技术·图解[M]. 北京：中国建筑工业出版社，2016.

图 3-27 集中管井示意图

图 3-28 户外集中设置管线

图片来源：刘东卫 . SI 住宅与住房建设模式 体系·技术·图解 [M]. 北京：中国建筑工业出版社，2016.

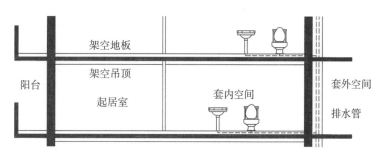

（a）住宅同层排水方式示意——架空式

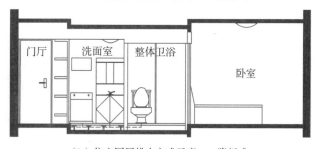

（b）住宅同层排水方式示意——降板式

图 3-29 同层排水方式示意图

图片来源：刘东卫 . SI 住宅与住房建设模式 体系·技术·图解 [M]. 北京：中国建筑工业出版社，2016.

管不穿越楼层。这种同层排水的排水管设置方式可避免上层住户卫生间管道故障检修、卫生间地面渗漏及排水器具楼面排水接管处渗漏等对下层住户的影响，避免了邻里间的矛盾（图 3-30）。

（3）分水器同层给水技术

采用分水器同层给水的方式，将生活热水和冷水独立输送至各个用水器具，集中供冷热水，方便日常使用（图 3-31）。给水系统由套外给水立管、

图 3-30 同层排水实景照片

图片来源：刘东卫 . SI 住宅与住房建设模式 体系·技术·图解 [M]. 北京：中国建筑工业出版社，2016.

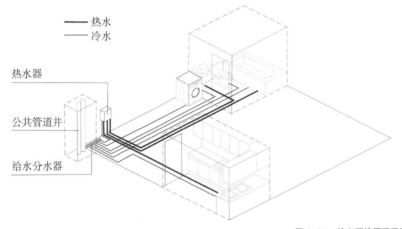

图 3-31 给水系统原理示意图

图片来源：周静敏 . 装配式工业化住宅设计原理 [M]. 北京：中国建筑工业出版社，2020.

套内分水器、套内管线和套内用水部品组成。给水管设置在架空地板或双层吊顶与结构体之间的空间内，目前多采用布置在架空地板内的方式，以方便维修（图 3-32）。

分水器宜布置在距离热源较近的位置，如住宅建筑中卫生间或者厨房，位置应便于检修，并宜有排水措施。给水系统采用装配式的管线及其配件连

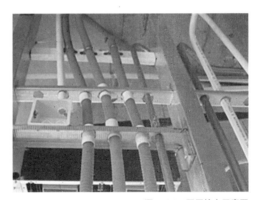

图 3-32 同层给水示意图

图片来源：周静敏 . 装配式工业化住宅设计原理 [M]. 北京：中国建筑工业出版社，2020.

接，给水分水器与用水器具的管道接口应一对一连接，敷设在吊顶或楼地面架空层的给水管道中间不得有连接配件，应采取防腐蚀、隔声减噪和防结露等措施。

分水器同层给水的优势在于，采用高性能可弯曲管道，除两端外，隐蔽管道无连接点，漏水概率小，安全性高。区别于传统管道的分岔－分岔－再分岔的给水方式，从分水器至分水器具，均由单独一根管道独立铺设，流量均衡，水压力变化较小，出热水所需时间短。

3）暖通空调系统

（1）干式地暖关键技术

室内供暖系统优先采用干式工法施工的低温热水地面辐射供暖系统（图3-33），其安装施工可以在土建施工完毕后进行，由工厂生产、现场组装，不需预埋在混凝土基层中，相较于普通地暖安装方式，采用干式施工，节省空间高度（图3-34）。较之于散热器供暖，干式地暖舒适度高，解决了传统的湿式地暖系统产品及施工技术存在的楼板荷载大、施工工艺复杂、管道损坏后无法更换等问题，具有施工工期短、楼板荷载小、易于维修改造等优点。

干式地暖通过燃气壁挂炉供暖，实现了各户独立供暖。可根据气温的变化，精确控制室内温度，不用再等待市政供暖期的到来，也无需忍受室内过热或过冷带来的不适，适老适幼，更人性化和更舒适，有效提升套内居住品质。

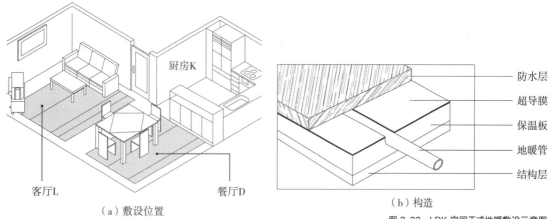

（a）敷设位置　　　　　　　　　　　　　　（b）构造

图 3-33　LDK 空间干式地暖敷设示意图

图片来源：刘东卫. SI 住宅与住房建设模式 体系·技术·图解 [M]. 北京：中国建筑工业出版社，2016.

图 3-34　干式地暖施工现场

图片来源：刘东卫. SI 住宅与住房建设模式 体系·技术·图解 [M]. 北京：中国建筑工业出版社，2016.

（2）故障检修关键技术

故障检修要求在空调的冷媒管弯曲部分、厨房吊顶、卫生间吊顶与架空地面或架空墙体设置检修口，便于管道检修、维护和更新（图3-35）。对住宅内容易出现问题的部位均应设置检修口，保证使用、运维过程中更有效地检查住宅状况，实现对住宅空间随时随地的体检（图3-36）。

3.2.4　模块化内装部品

低碳居住建筑应当积极推广装配化装修，推行整体卫浴和厨房等模块化内装部品的适应性应用技术，实现部品部件可拆改、可循环使用，减少使用和运维过程中的大拆大改，尽量减少对资源的浪费。

居住建筑的内装部品以寿命短的部品更换时不损伤寿命长的部品为原则将部品进行合理集成。内装部品的选型在满足国家现行标准规定的基础上，优选环保性能优、装配化程度高、通用化程度高、维护更换便捷的优良部品，特别是高度集成化部品和模块化部品，通过合理的构造连接保证系统

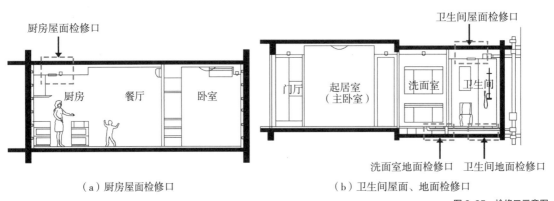

（a）厨房屋面检修口　　　　　　　　（b）卫生间屋面、地面检修口

图 3-35　检修口示意图
图片来源：刘东卫.SI住宅与住房建设模式 体系·技术·图解[M].北京：中国建筑工业出版社，2016.

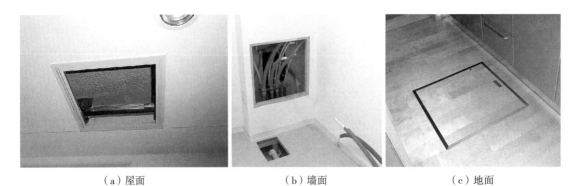

（a）屋面　　　　　　（b）墙面　　　　　　（c）地面

图 3-36　各部位检修口示意图
图片来源：刘东卫.SI住宅与住房建设模式 体系·技术·图解[M].北京：中国建筑工业出版社，2016.

的耐用性，并通过定期的维护和更换，实现居住建筑的长期适用和品质优良（图3-37）。

1）集成化部品

居住建筑的装配化内装装修采取建筑结构主体与内装、设备管线分离的SI设计理念，其中，墙面、吊顶及地面系统是核心内容，目前常用树脂螺栓架空墙体系统、轻钢龙骨吊顶系统及地脚螺栓架空地板系统（图3-38）。

（1）架空地板

架空地板是通过在结构楼板上采用树脂或金属螺栓支撑脚，在支撑脚上再敷设衬板及地板面层形成架空层，这是一种集成化地面部品体系（图3-39、图3-40）。

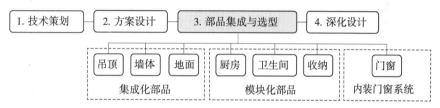

图3-37 适应性模块化内装部品
图片来源：编写组自绘.

（a）树脂螺栓架空墙体　　　（b）轻钢龙骨吊顶　　　（c）地脚螺栓架空地板

图3-38 集成化部品示意图
图片来源：刘东卫.SI住宅与住房建设模式 体系·技术·图解[M].北京：中国建筑工业出版社，2016.

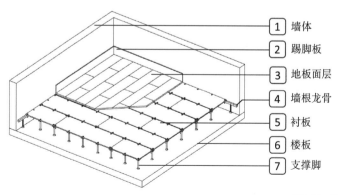

1 墙体
2 踢脚板
3 地板面层
4 墙根龙骨
5 衬板
6 楼板
7 支撑脚

图3-39 架空地板构成
图片来源：刘东卫.SI住宅与住房建设模式 体系·技术·图解[M].北京：中国建筑工业出版社，2016.

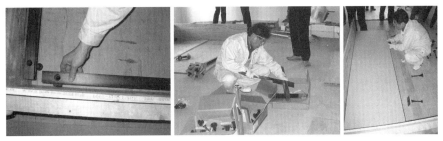

图 3-40　架空地板施工现场

图片来源：刘东卫 . SI 住宅与住房建设模式 体系·技术·图解 [M]. 北京：中国建筑工业出版社，2016.

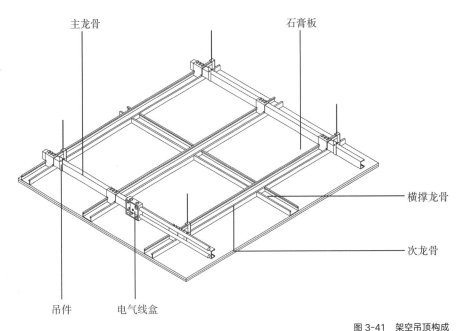

图 3-41　架空吊顶构成

图片来源：刘东卫 . SI 住宅与住房建设模式 体系·技术·图解 [M]. 北京：中国建筑工业出版社，2016.

在架空地板的架空层内敷设各种管线，实现了管线与主体结构的分离。在架空地板上可以通过安装轻质隔墙来灵活划分空间，对满足住户需求进行内部空间灵活可变非常有利。架空地板有一定弹性，可对容易跌倒的老人和孩子起到一定的保护作用，对老幼群体非常友好。在地板和墙体的交界处应留出 3mm 左右的缝隙，不仅能保证地板下空气的流通，还能达到预期的隔声效果。在安装分水器的地板处设置地面检修口，以方便管道检查和修理使用。

（2）架空吊顶

架空吊顶是通过在结构楼板下吊挂具有保温隔热性能的装饰吊顶板，并在其架空层内敷设电气管线，安装照明设备等，这是一种集成化顶板部品体系（图 3-41）。

架空吊顶是在架空层内敷设管线设备，实现了管线与主体结构的分离。

架空吊顶具有一定的隔声效果，减少了上下层邻里间的相互干扰。在安装设备的顶板处宜设置顶板检修口，方便管道检查和修理（图3-42）。

（3）架空墙体

架空墙体是通过在外墙室内侧采用树脂螺栓或轻钢龙骨，外贴石膏板，由工厂生产的具有隔声、防火或防潮等性能且满足空间和功能要求的墙体集成部品（图3-43）。

图 3-42 架空吊顶施工现场
图片来源：刘东卫. SI 住宅与住房建设模式 体系·技术·图解 [M]. 北京：中国建筑工业出版社，2016.

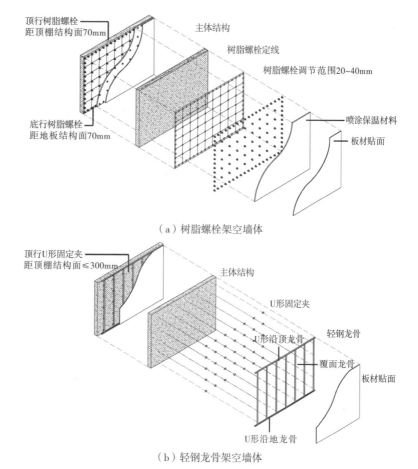

（a）树脂螺栓架空墙体

（b）轻钢龙骨架空墙体

图 3-43 架空墙体构成
图片来源：刘东卫. SI 住宅与住房建设模式 体系·技术·图解 [M]. 北京：中国建筑工业出版社，2016.

架空墙体可在架空层内敷设管线设备，实现了管线与主体结构的分离；墙体架空层内可喷涂保温材料，形成外墙内保温体系，室内更易达到舒适温度（图3-44）。与外保温工艺相比，内保温工艺施工安全且不会出现外墙装饰材料脱落的现象。从长远看，外保温更新需要拆卸外墙表层部分，施工时间长、规模大、耗资多。而架空墙体内保温则可以与内装一同更新，施工简单，周期短，而且随时可以进行维护、维修，更加绿色低碳（图3-45）。

与普通墙面的水泥找平做法相比，架空墙体采用的石膏板材裂痕率较低，且粘贴壁纸更方便快捷。在架空墙体上应设置墙体检修口，方便设备管线检查和修理。架空墙体在建设时，施工程序明晰，敷设位置明确，易于施工管理。尤其是入住使用后维修方便，并有利于住户未来装修改造。

（4）轻质隔墙

轻质隔墙是由工厂生产的具有隔声、防火或防潮等性能且满足空间和功能要求的装配式隔墙集成部品（图3-46）。轻质隔墙节约空间、自重轻、抗震性能好、布置灵活，并易于控制质量、精准度高、干法施工、施工速度快。

（a）架空墙体管线布置

（b）架空墙体保温层

图 3-44　架空管线与内保温
图片来源：刘东卫 . SI 住宅与住房建设模式 体系·技术·图解 [M]. 北京：中国建筑工业出版社，2016.

图 3-45　架空墙体施工现场
图片来源：刘东卫 . SI 住宅与住房建设模式 体系·技术·图解 [M]. 北京：中国建筑工业出版社，2016.

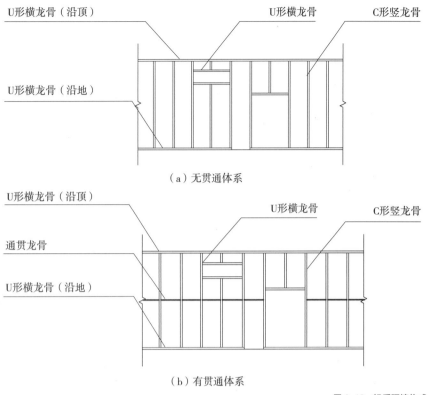

（a）无贯通体系

（b）有贯通体系

图 3-46　轻质隔墙构成

图片来源：刘东卫 . SI 住宅与住房建设模式 体系·技术·图解 [M]. 北京：中国建筑工业出版社，2016.

　　轻质隔墙的轻钢龙骨是轻质隔墙技术、架空吊顶技术应用到的重要部品。轻钢龙骨具有重量轻，强度高，适应防水、防震、防尘、隔声、吸声、恒温等功效，同时还具有工期短、施工简便等优点（图 3-47）。

　　轻质隔墙可以用作架空墙体的外墙室内侧墙体，与外墙围合出的架空层能够保证管线设备的敷设，是保证管线与主体结构分离的必要建筑构件部品（图 3-48）。同时也可以用来对户内空间进行灵活划分，分隔出适合住户使用的不同空间。

2）模块化部品

　　模块化部品是由标准化控制的小型部品或构件集聚成的大部品，以通用单元的形式出现，能够满足居住建筑的自由度和多样性要求，是 SI 住宅内装与主体分离、适应性空间设计的重要内容。居住建筑的模块化部品主要有整体厨房、整体卫浴和整体收纳等，这几大类别的部品单元以模块的形式整体嵌入居住建筑中（图 3-49、图 3-50）。这种高度整合的部品模块可以大幅提升部品价值，简化设计和订购流程，增加部品的流通性能，也为居住者提供丰富的组合选择。模块化部品可解决部品之间最易出现的衔接问题，现场操

图 3-47　轻钢龙骨隔墙　　图 3-48　轻质隔墙管线敷设

图片来源：刘东卫 . SI 住宅与住房建设模式 体系·技术·图解 [M]. 北京：中国建筑工业出版社，2016.

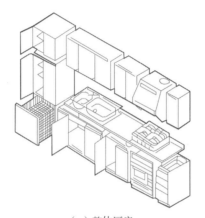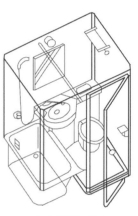

（a）整体厨房　　　　　　　（b）整体卫浴

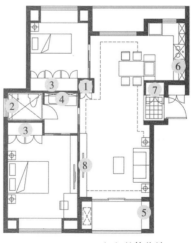

1　过道收纳

2　卫生间收纳

3　卧室收纳

4　家务间收纳

5　阳台收纳

6　厨房收纳

7　门厅收纳

8　起居室收纳

（c）整体收纳

图 3-49　模块化部品构成
图片来源：编写组自绘.

作的节点可大幅减少，住宅部品整体稳定性得以提高，从而直接提升居住空间的整体质量。

（1）整体厨房

整体厨房是由工厂生产、现场装配的满足炊事活动功能要求的基本单元，配置整体橱柜、灶具、抽油烟机等设备及管线。整体厨房将传统分散湿作业的厨房建设过程优化整合并统一起来，通过精细准确的设计指导后期安装施工，是 SI 住宅适应性内装部品中最直接体现工业化工艺水准的部分，集储藏、洗涤、切配、烹饪功能于一体，做到操作功能集成；柜体、台面、五金件等厨房产品由工厂生产，现场进行统一拼装，保证厨房产品集成（图 3-51）；给水排水、燃气、供暖、通风、电气等设备管线整体设计，统一安装，实现管线设备集成。

整体厨房应采用标准化内装部品，选型和安装应与建筑主体结构一体化设计和施工（图 3-52）。一体化设计主要考虑的是家电维修更新的方便性和管线接口的匹配性。要求给水排水管、电管、燃气管、排气管等各类管线设置均应按照规范要求协调统一，包括位置、间距、管径（截面积）、坡度等内容，保证给水排水、燃气管线等集中设置、合理定位，并应设置管道检修口。一体化设计时要与橱柜设计协调统一，预留主要厨电位置，以免嵌入式家电灵活性不足，避免传统住宅管线设施所占空间和对主体结构的破坏。并根据厨电产品的位置，进行"水、电、燃气接口与管线"的统一设置。

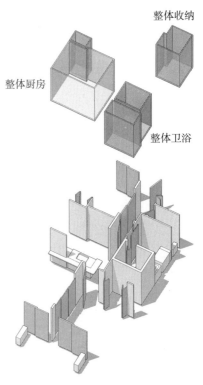

整体收纳

整体厨房

整体卫浴

图 3-50 模块化部品嵌入居住建筑示意图
图片来源：刘东卫 . SI 住宅与住房建设模式体系·技术·图解 [M]. 北京：中国建筑工业出版社，2016.

（a）整体示意

（b）吊柜分隔及五金配件

（c）地柜分隔及五金配件

图 3-51 整体厨房示意图
图片来源：刘东卫 . SI 住宅与住房建设模式 体系·技术·图解 [M]. 北京：中国建筑工业出版社，2016.

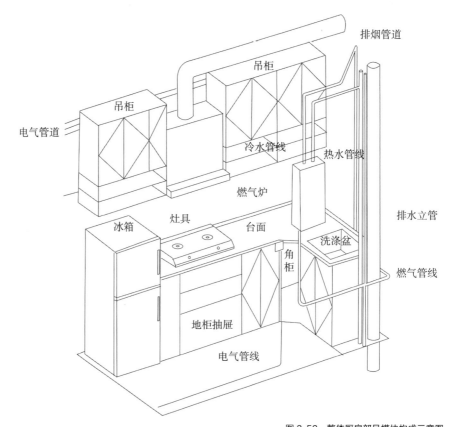

图 3-52 整体厨房部品模块构成示意图
图片来源：刘东卫. SI 住宅与住房建设模式 体系·技术·图解 [M]. 北京：中国建筑工业出版社，2016.

整体厨房更注重的是使用的舒适性和功能的便利性。根据厨房常用各类收纳物品的使用频率、使用场所，进行最佳收纳位置的设计，使顺手的空间中放置经常使用的物品（图 3-53）。如：二段联动柜，可有效利用空间，并轻松取到收纳于柜体深处的物品，非常适合冰箱上柜使用；抽屉式水槽下柜，增添了水槽下方空间的利用，储物方便、灵活；升降吊柜，可以方便地储存一些常用物品，从而避免空间的浪费；长达 420mm 的升降轨道可使吊柜随意降至伸手可及的高度，取用物品十分方便；拉篮左右两边设有重量调节杆，结合收纳物本身的重量，使拉篮的升降操作更轻松、省力；下拉调味柜，利用上、下柜之间的空间，可挂烹调用具、摆放料理瓶等小物件，升降自如，使用便利，非常适合老年人使用。

（2）整体卫浴

整体卫浴是由工厂生产、现场装配的满足洗浴、盥洗和如厕等功能要求的基本单元，是模块化的部品。其配置有卫生洁具和设备管线，由墙板、防水底盘、顶板等构成，具有防水性能好、安装速度快、健康环保等特性。整体卫浴采用整体卫浴部品将传统湿作业过程改为干法施工，现场拼装，提高

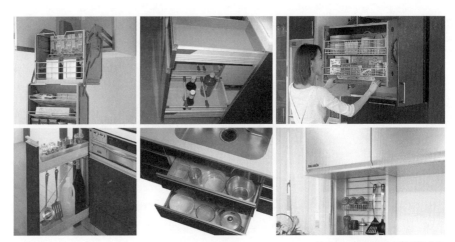

图 3-53　整体厨房部品解决方案
图片来源：刘东卫 . SI 住宅与住房建设模式 体系·技术·图解 [M]. 北京：中国建筑工业出版社，2016.

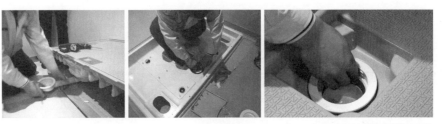

图 3-54　整体卫浴施工现场
图片来源：刘东卫 . SI 住宅与住房建设模式 体系·技术·图解 [M]. 北京：中国建筑工业出版社，2016.

图 3-55　整体卫浴示意图
图片来源：刘东卫 . SI 住宅与住房建设模式 体系·技术·图解 [M]. 北京：中国建筑工业出版社，2016.

了施工效率和施工质量（图 3-54 ）。

　　整体卫浴使用干湿分离式卫浴系统，按照人的行为习惯和使用流线设计，干湿分区、彼此分离、互不干扰（图 3-55 ）。设计时应充分合理考虑盥洗、如厕、淋浴三者之间的相互关系，一般将洗面室作为浴室的前室空间，便于淋浴前后更衣和换洗衣服。卫生间可单独设置或者与浴室合并。整体浴室是 SI 住宅体系的重要组成部分，分离式的卫浴空间实现了干湿分区，大大提高了施工精度，节约了墙体的空间占用。

居住套型设计时要注意卫生间的主体结构净尺寸需满足整体卫浴各型号相对应的最小平面和最小高度及其安装尺寸，主要包含整体卫浴管井、整体卫浴防水、整体卫浴开窗和整体卫浴门洞，安装空间还需考虑建筑主体结构误差。整体卫浴的同层给水排水、通风和电气等管道管线连接应在设计时预留的空间内安装完成，并应在给水排水、电气等系统预留的接口连接处设置检修口。

（3）整体收纳

整体收纳是由工厂生产、现场装配的满足不同套内功能空间分类储藏要求的基本单元，也是模块化的部品，其最核心的理念是在方案设计阶段综合考虑户型内全部收纳空间的设置，即做到收纳预留。

收纳空间应布局合理，按照居住者的动线轨迹，灵活设置收纳空间，满足住户的基本使用需求，力求就近收纳、分类储藏，最大限度地合理设置，提高空间使用效率（图3-56）。

整体收纳可以划分为专属收纳空间与辅助收纳空间两类。专属收纳空间主要针对有条件设置独立收纳空间的套型（表3-1），对没有条件设置独立收纳空间的套型设置辅助收纳空间，当辅助收纳空间面积增加时，其他功能空间的整洁度与舒适度就会提高。

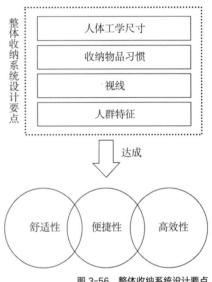

图3-56 整体收纳系统设计要点
图片来源：编写组自绘.

专属收纳空间模块 表3-1

门厅收纳部品模块	鞋柜、衣柜、零散物品收纳柜
过道收纳部品模块	走廊壁柜
卧室收纳部品模块	嵌入式衣柜
起居室收纳部品模块	结合电视柜、书柜、茶几等成品家具进行收纳设置
厨房收纳部品模块	炊具收纳、食材收纳
卫生间收纳部品模块	纸类用品、清洁用品、毛巾、洗漱用品、化妆品、洗涤用品、浴液、洗发液、浴巾、换洗衣物等收纳空间
家务间收纳部品模块	衣物暂时储存、洗涤用品、清洁用具等收纳空间
阳台收纳部品模块	生活阳台：花盆、植物、座椅、茶桌收纳空间。家务阳台：晾衣架、拖把、扫帚等清洗用具收纳空间

表格来源：编写组自绘.

图 3-57 收纳空间示意图

图片来源：周静敏.装配式工业化住宅设计原理[M].北京：中国建筑工业出版社，2020.

　　模块化的整体收纳，便于施工建造。整体收纳采用标准化设计和模块化部品尺寸，便于工业化生产和现场装配，既能为居住者提供更为多样化的选择，也具有环保节能、质量好、品质高等优点（图 3-57）。工厂化生产的整体收纳部品通过整体集成、整体设计、整体安装，从而实现产品标准化工业化的建造，可避免传统设计与施工误差造成的各种质量隐患，全面提升了产品的综合效益。设计整体收纳部品时，应与部品厂家协调，满足土建净尺寸和预留设备及管线接口的安装位置要求，同时还要考虑这些模块化部品的后期运维问题。

　　收纳空间的设计应考虑居住者储藏各种物品的习惯，在套型的门厅、起居室、餐厅、厨房、卫生间和卧室、阳台等处都应设有相应的收纳空间，并实现系统化分类收纳，满足就近储藏需求（图 3-58）。通过嵌入式衣橱和开敞式置物架相结合、不同高中低柜相组合，呈现多样化的收纳形式。收纳空间的合理配置，具有明显的实用性，同时还可提升居室的整洁和美观程度。

3）内装门窗系统

　　居住建筑的室内门窗宜选用成套化、模块化、易更换的门窗系统部品，宜采用与隔墙、楼地面、天花一体化设计，并尽量减少尺寸规格（表 3-2）。设计时应明确所采用门窗的材料、品种、规格等指标以及颜色、开启方向、安装位置、固定方式等要求。室内门窗部品的选择应从便利性、安全性等多方面综合考虑，首先应保证开启的便利性，应满足套内空间分隔所需的隔声、降噪要求，并考虑开启时室内的自然通风要求。

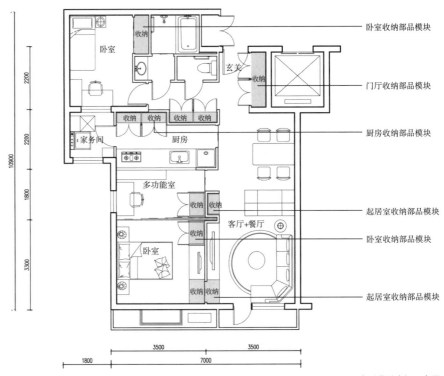

卧室收纳部品模块

门厅收纳部品模块

厨房收纳部品模块

起居室收纳部品模块

卧室收纳部品模块

起居室收纳部品模块

图3-58 套型收纳空间示意图
图片来源：编写组自绘.

门窗部品   表3-2

部品类别	部品名称	
门窗部品	门	手动平开门
		手动推拉门
		手动折叠门
	窗	平开窗
		推拉窗
		复合开启窗
		纱窗网
	门窗配件	锁具
		执手
		观察窗
		门控装置

表格来源：编写组自绘.

居住建筑的室内环境调控技术主要通过供暖与空调系统、照明系统、新风系统、智能化监测系统，针对建筑在使用与运维过程中的能耗和碳排放进行总体控制，是保障低碳居住建筑环境宜居、健康舒适、低碳减排、智能便捷的关键技术措施。

3.3.1　供暖与空调系统

对于居住建筑来说，供暖与空调宜采用分户甚至分室计量的方式。分户热计量的住宅热水散热器供暖系统，应采用公用立管的分户独立系统形式。制冷宜分室布置与计量，以便住户根据自身情况自行进行室温调节和控制，尽量节约能耗并降低对室外环境的碳排放。

要从根本上达到居住建筑供暖系统的节能，必须采取供暖系统温度调控和分户计量技术与装置。对于集中供热住宅来说，分户温度调控很关键，能够依据住宅对热量的真实需求进行相应的调节，解决供暖能耗过高的问题，从而达到节能的目标。目前常见的设计方式是在供暖系统靠近入口部位设计电动温控阀，用来自动完成温度的调改，保证调节的实时性。同时，供热公司也应根据供暖的实际情况优化系统，在热源处装设控制装置，从而自动调节输出的热流量。技术人员可实时监控用户的用热情况并绘制热负荷变化曲线，根据热负荷曲线的变化情况来调整供热量，从而确保分户热计量系统的平稳运行。

居住建筑空调系统宜采用数字变频智能空调，设置室内温度控制装置，安装温度传感器检查室内空气温度及内机盘管的温度，然后通过计算机将记录的温度值输送给室外机。室外机则依据所接受的温度值转换为特定指令开始模式转换、压缩机输送频率调节等。在保证使用期间满足要求的前提下，系统可减少设备运行时间，还可以采取按预定时间自动启停或最优启停的节能监控措施。

3.3.2　照明系统

居住建筑照明系统设计中，应根据国家规定的照度标准，合理选定各工作和活动场所的照度。充分合理地利用自然光，减少室内照明灯具的数量，并充分利用可再生能源照明灯具，如太阳能灯具等。

应根据不同的使用场合，选择合适的照明光源。在满足照明质量的前提下，尽可能选择高光效的光源。选用配光合理、效率高的灯具，在满足眩光限值的条件下，应优先选用开启式直接照明灯具。一般室内的灯具效率不宜低于70%，并要求灯具的反射罩具有较高的反射比。对同一大房间中有局部小范围高照度要求的，应优先采用局部照明来满足。选择合适的灯具安装高度，在满足灯具最低允许安装高度及美观要求的前提下，应尽可能降低安装的高度，以节约电能。

采用合理的照明控制装置，如为灯具加设声控、光控、红外控制等装置，以根据实际需要接通或断开照明灯电源，尽量避免电能浪费。

3.3.3　新风系统

新风系统是由送风系统和排风系统组成的一套独立空气处理系统。新风系统能够全天 24h 持续不断地将室内污浊空气及时排出，同时引入室外新鲜空气，并有效控制风量大小，让室内环境时刻保持舒适。新风系统的换气扇能迅速排出各种臭味，为住户营造出舒适的室内环境。新风系统的过滤系统可以拦截空气中的灰尘、飘絮、$PM_{2.5}$，通过有效过滤使室内空气清洁健康。对于降水量大的地区，使用新风系统可以除去室内湿气，减少房屋发霉、衣服长时间不干等问题。

带有热回收功能的全热交换新风系统利用机内的全热交换芯，进出的空气通过热交换器的时候进行了预热预冷的能量交换，可以保留室内空气 70% 的能量，避免了能量流失，降低了空调、散热器等制冷或供暖产品的能耗，是未来居住建筑室内设备系统发展的趋势。

3.3.4　智能化监测系统

1）照明智能化调控体系

照明智能控制系统是一种数字化、模块化的分布式控制系统，主要由探测模块、控制模块、操作模块等部分组成（图 3-59）。根据居住建筑的不同区域、不同时间、不同照明需求，灵活采用分区控制、分时控制、分回路控制等多种策略，实现照明资源利用率的有效提升。例如，根据居住建筑的不同物理环境，充分利用天然光源，结合照明节能控制系统，确保达到设计照度标准并降低建筑的照明能耗；根据套型不同功能房间的照明特点，采取分区、分时等控制方式，达到有效使用照明的效果。

2）供暖、通风和空调智能化调控体系

在空调系统的智能化设计中，可利用二氧化碳传感器，与新风阀、回风阀相互联动，更好地调节空气质量，利用温度传感器检测室内温度，并将数据与上位机设定值进行比较分析，调整冷热水阀的具体开度，实现室内温度调节的目的；在过滤网两端部位安装压力开关，当灰尘累积到一定程度堵塞

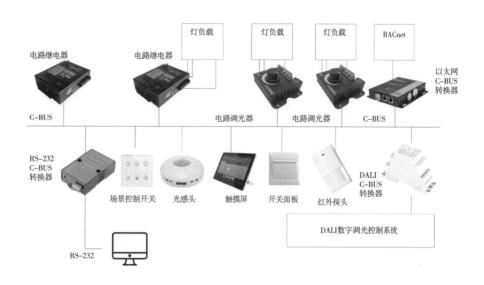

图 3-59　C-BUS 智能照明控制系统结构图
图片来源：编写组自绘.

过滤网时，就会自动报警，提示更换或清洗过滤网；在北方地区，可在冷热水盘管部位安装防冻开关，可以有效防止冷热水盘管冻坏的问题。

3）关于太阳能利用的智能化设计

利用智能控制系统对太阳能光伏利用系统的各组成部件进行运行状态监测，可以提升太阳能利用率，合理分配电能。当蓄电池组充电达到上限电压后，自动断开开关，停止充电作业；当电压回落到某一数值时恢复充电，如果下降到下限电压则会停止供电，防止蓄电池过度放电，起到一定的保护作用。

4）给水排水监控系统

居住建筑应根据给水排水系统的水位、压力等状态，对给水排水装置进行监控。根据热水系统的供、回水温度和压力、流量等状态，对加热设备的台数、循环水泵和补水泵进行监控。同样，应根据居住建筑的用电负荷状态，对给水排水系统间歇运行工况采取按预定时段最优启停的监控措施。

5）窗的节能监控

居住建筑中，窗的节能控制是降低室内能耗的重要方式之一。应根据实际情况选择对窗实施开关或遮挡的节能控制方式，包括定时控制、光感控制、温感控制、场景控制和综合集成控制等，以达到能源的有效利用。

窗的节能监控系统宜能根据日光对居住建筑的照射强度，控制嵌入式遮阳百叶帘或室外遮阳板与太阳照射的方位角和高度角同步到相应的角度，使之在夏季能有效地遮挡由于太阳直射对室内产生的大部分辐射热。并宜具有室外温感控制功能，有效地利用自然通风降低建筑能耗，对建筑的通风窗进行启闭控制。同时，还宜通过对窗的遮阳、空调、灯光照明等相关设备的综合集成控制，实现节能综合集成控制功能。

思考题

1. 通过哪些技术手段可以提高居住建筑可再生能源的利用性？
2. SI 建筑体系中的集成化部品和模块化部品分别有哪些？
3. 举例说明居住建筑的室内环境调控技术对于降低建筑碳排放的作用。

参考文献

[1] 刘艳峰，王登申. 太阳能采暖设计原理与技术 [M]. 北京：中国建筑工业出版社，2016.
[2] 王新泉. 太阳能采暖设计原理与技术 [M]. 北京：中国建筑工业出版社，2016.
[3] 刘加平，董靓，孙世钧. 绿色建筑概论 [M].2 版. 北京：中国建筑工业出版社，2020.
[4] 龙惟定，武涌. 建筑节能技术 [M]. 北京：中国建筑工业出版社，2009.
[5] 程杰，刘幼农，侯隆澍. 青岛市农村地区推广生物质能清洁取暖的探索与思考 [J]. 建设科技，2021（5）：25-27.
[6] 王成丽，郑建国. 太阳能与空气源热泵联合供热系统的控制分析及实例 [J]. 给水排水，2015（S1）：4.
[7] 张露岚，吴仕宏，吴佳文，等. 光伏/光热与沼气联合发电系统的设计与仿真 [J]. 可再生能源，2017，35（9）：8.
[8] 冉茂宇，刘煜. 生态建筑 [M]. 武汉：华中科技大学出版社，2008.
[9] 刘东卫. SI 住宅与住房建设模式 体系·技术·图解 [M]. 北京：中国建筑工业出版社，2016.
[10] 刘东卫. SI 住宅与住房建设模式 理论·方法·案例 [M]. 北京：中国建筑工业出版社，2016.
[11] 刘东卫. 百年住宅：面向未来的中国住宅绿色可持续建设研究与实践 [M]. 北京：中国建筑工业出版社，2018.
[12] 周静敏. 装配式工业化住宅设计原理 [M]. 北京：中国建筑工业出版社，2020.
[13] 刘东卫. 装配式建筑系统集成与设计建造方法 [M]. 北京：中国建筑工业出版社，2020.
[14] 上海现代建筑设计（集团）有限公司. 建筑节能设计统一技术措施（暖通动力）[M]. 北京：中国建筑工业出版社，2009.
[15] 上海现代建筑设计（集团）有限公司. 建筑节能设计统一技术措施（电气）[M]. 北京：中国建筑工业出版社，2009.
[16] 上海现代建筑设计（集团）有限公司. 建筑节能设计统一技术措施（建筑）[M]. 北京：中国建筑工业出版社，2009.
[17] 周玲，李婷，满高华. 楼宇智能化技术 [M]. 重庆：重庆大学出版社，2018.

4.1 低碳改造目标	4.1.1 节能减排	4.1.2 房屋延寿	4.1.3 品质提升	
4.2 低碳改造理念与原则	4.2.1 低碳改造理念	内装工业化改造模式	管线与结构体分离	部品合理选型
	4.2.2 低碳改造原则	环境安全	生活便利	功能完善	性能优良
4.3 性能提升	4.3.1 结构加固	直接加固	间接加固	
	4.3.2 构件提升	外墙改造	屋面改造	门窗及遮阳
	4.3.3 设备改造	给水排水	电力设备	暖通设备	家庭厨余处理
4.4 功能提升	4.4.1 共用部分	楼梯	电梯	公共管线
	4.4.2 套内空间	空间功能提升	基于SI分离体系的改造内装部品	
4.5 环境整治	4.5.1 绿化环境改造	增设绿地	绿化改造	植物选择
	4.5.2 环境设施增补	照明与标识系统	公共充电桩	公共卫生设施	旧衣旧物回收

在过去"大拆大建"的快速城镇化阶段，我国大量未到寿命期的建筑被过早拆除，造成大量的资源浪费，产生的总碳排放量惊人。1953~2020年我国累计126亿 m² 的建筑被拆除，相当于每年过早拆除建筑产生的碳排放约5亿 t。对于我国目前650亿 m² 的城镇存量建筑，"大拆大建"的城镇发展模式显然是不可持续的。随着我国经济发展进入新时代，以"大拆大建"模式拉动建筑业作为经济支柱的模式发生转变。城乡建设领域从"拆改留"向"留改拆"的战略转变势在必行，推进既有建筑的低碳节能改造刻不容缓。

我国的既有居住建筑覆盖地域广、建设年代跨度大，在存量建筑中占比高。面对我国巨大的既有居住建筑存量，侧重绿色低碳理念下的可持续更新模式，注重综合社会效益，避免因"大拆大建"带来能源消耗和碳排放，有效推进既有居住建筑功能完善和品质提升的改造，对于推进节能减排、应对气候变化、助力实现"双碳"目标、满足人民群众美好生活需要、促进经济高质量发展等方面具有十分重要的意义。

4.1.1 节能减排

根据中国建筑节能协会的相关研究，2021 年我国建筑全寿命周期碳排放总量高达 40.7 亿 t，占全国能源碳排放比重的 38.2%。因此，在我国实施既有建筑节能改造是实现减缓建筑能耗快速增长、建筑能耗减量的必经途径之一。

居住建筑由于各气候区气候差异性大，且不同年代建造的既有居住建筑建设标准不一，受在建时技术水平和经济条件等原因的限制，加之围护结构部件和设备系统的老化、维护不及时等原因，导致既有居住建筑室内热环境质量相对较差、能耗较高。因此需要因地制宜地开展既有居住建筑低能耗改造，提升建筑的用能效率，降低能耗和碳排放。

4.1.2 房屋延寿

"延寿"即延长建筑寿命。根据相关碳排放计算的研究可以看出，延长建筑寿命可以大大降低建筑全生命周期的年均碳排放和强度，减少对环境的影响。

既有居住建筑的改造，是减少建筑碳排放的有效措施。通过对建筑结构的加固，老化设备的更新，抗震、防火性能等安全性能的提高，安装节能窗户、改进保温系统等节能措施，整体提升建筑的能源效率，降低能源消耗，避免因老化或损坏导致的拆除重建，从而节约资源和成本，延长其使用寿命。

4.1.3 品质提升

中华人民共和国成立以来，我国一直按照"边建设边维护"的思路，采用日常维护和修缮的办法解决老旧既有住宅品质退化问题。我国从 2006 年起加大对城市住宅品质提升的研究和实践力度，从国家层面开展了城市住宅宜居更新技术研究。到 2011 年后的"十二五"时期，随着在全国范围内推广既有居住建筑节能改造，我国住宅品质提升工作开始步入实质性发展阶段。

一方面，既有居住建筑的改造可以提升建筑的保温、隔热、通风、采光等性能，改善室内外物理环境，提升居住的舒适度。另一方面，增加电梯、改善厨卫设施等建筑功能的更新改造，可以适应现代生活需求，改善居住空间环境品质，提升居民的生活品质和幸福感。

4.2.1 低碳改造理念

借鉴开放建筑的层级思想，可持续建设的城市既有住区更新可以划分既有住区、住宅、住户三个层级，通过实施公共设施和公共空间建设、环境整治、老旧住房改建、住户部品等设计方法与对策实现可持续更新（图 4-1）。

既有居住建筑的改造涉及建筑近宅空间的环境整治、建筑共用部分的改造和住宅套内空间的内装改造三部分。其中，住宅套内空间的内装改造是既有居住建筑改造的重要内容。

传统装修方式是既有住宅内装改造的主要手段，存在损害结构体、品质不佳、灵活性不高、检修维护不便、再次改造困难等问题。装修现场施工采用湿作业的方式，产生噪声、粉尘等较为严重的污染，且工期长，对既有住宅内部的居住生活影响较大。基于开放建筑理念和 SI 建筑体系的工业化内装改造方式，设备管线与建筑结构体分离，装配式干作业的施工方式，可以有效缩短工期，提高效率，提升设备与管线的耐久性和可维护性。

1）内装工业化改造模式

住户自主装修的传统改造方式不仅工期长、质量差，产生大量的建筑垃圾，对住宅结构存在不可逆的破坏，还会产生大量的安全隐患，影响建筑的使用寿命。

装配式内装工业化系统基于支撑体（Skeleton）和填充体（Infill）完全分离的 SI 体系，把组成住宅内装的若干部件简化为若干工业化填充部品。填

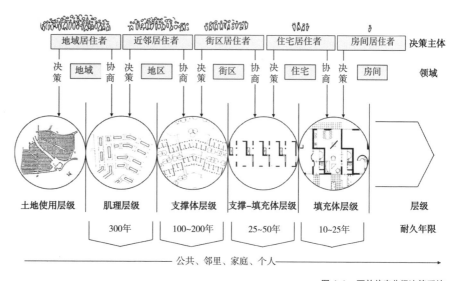

图 4-1 开放住宅分级决策系统
图片来源：刘东卫 . 装配式建筑系统集成与设计建造方法 [M]. 北京：中国建筑工业出版社，2020.

充部品（内装部品）是非结构构件，在工厂按照标准化生产，并在现场进行组装。通过内装部品的一体化和通用化设计、各系统的集成化设计，实现住宅的多样化和个性化改造。

2）管线与结构体分离

内装工业化改造模式提倡设备管线与建筑结构体分离，避免装修剔凿对建筑结构体产生的损坏，便于在后期进行维修和布局的更换，保证设备与管线的耐久性。

建筑给水排水、供暖、通风和空调及电气管线等采用设计协同和管线综合设计，选用便于安装及维修的管材、管件，材料应耐腐蚀、使用寿命长、降噪性能好。管线集中布置，避免交叉，实现套内空间布置灵活可变。

3）部品合理选型

内装部品分为集成化部品和模块化部品两大类（图 4-2）。集成化部品选型应注重部品的通用性和互换性的要求，各类管线和各种接口应采用标准化、模块化产品，提高施工精度和便捷性，方便安装和使用维护。模块化部品如整体厨房、整体卫浴等的选择需要考虑与既有居住建筑内部空间的适应性。

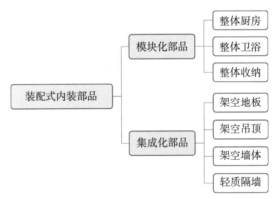

图 4-2 既有居住建筑改造内装式部品体系
图片来源：编写组自绘.

4.2.2 低碳改造原则

针对我国既有居住建筑目前在安全、功能、性能、环境等方面存在的各种问题，既有居住建筑的低碳改造应遵循环境安全、生活便利、功能完善、性能优良四项原则（图 4-3）。

环境安全指的是要在改造中对既有建筑的结构主体、围护结构、设备管线、消防安防设施的安全性能进行提升，排除安全隐患。

环境安全	生活便利	功能完善	性能优良
结构主体；围护结构；设备管线；消防；安防；防疫；卫生条件；私搭乱建；绿化改造；活动场地	停车位；充电桩；公服配建；无障碍；适老化；卫生设施；加装电梯	缺失功能补足；空间完善；套型合理化；厨卫改造	设备管线维护；声、光、热湿等居住性能提升；设备能效提升

图 4-3 低碳改造原则
图片来源：编写组自绘 .

生活便利是指对人们的生活质量和便利性进行提升，如无障碍、适老化、卫生设施、各类公共服务设施、停车位等。

功能完善要求在改造过程中对已有居住空间存在的功能缺失、空间不足、套型不合理等问题进行合理解决。

性能优良则需要在改造过程中，采用先进的低碳技术和材料，以提高能源和资源的使用效率，降低碳排放。同时，还要确保改造后的产品或建筑物在性能上达到或者超过原有的标准，以满足人们对高质量生活的需求。

4.3

性能提升

4.3.1 结构加固

结构加固分为直接加固与间接加固两类，需要综合考虑结构的现状、加固目标、成本效益以及施工的可行性等因素，选择适宜的加固方法及配合使用的技术（表 4-1）。

既有住宅改造中的结构加固方法 表 4-1

	加固方法	方法说明	图示
直接加固	碳素纤维加固	将碳素纤维带粘贴于需要补强的建筑结构表面，起到加强延展性和承载力的作用	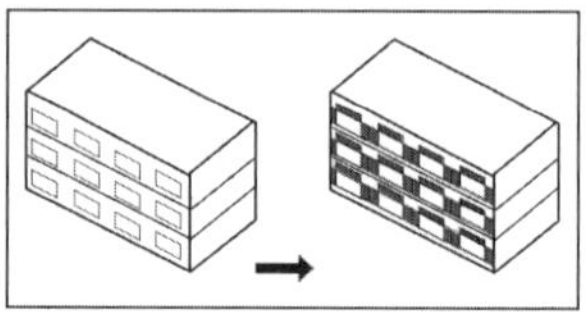
	腐蚀修缮	通过砌块补砌、砌块更新等方式对未涉及严重结构安全的腐蚀墙体进行补救	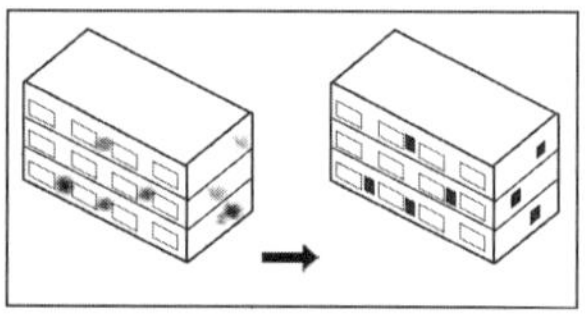
	裂缝修缮	通过填缝封闭、配筋填缝和灌浆等方法对已稳定的轻微裂缝进行修补	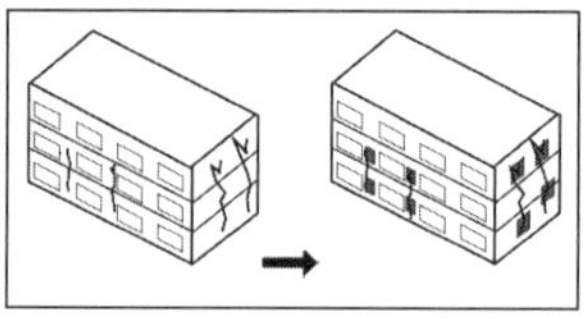
	钢筋网砂浆面层加固	在墙体外侧配设一层钢筋网或钢绞线，再喷射砂浆进行固定	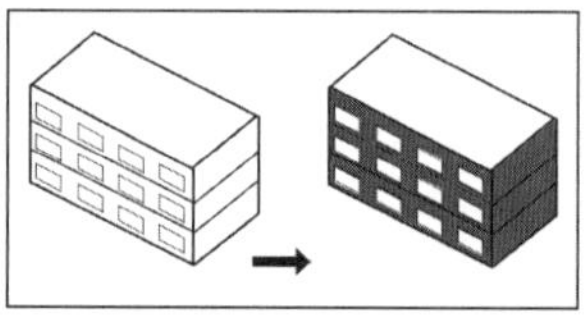
间接加固	钢构斜撑加固	通过在建筑外廊或圈梁下设置钢构斜撑构件，对原有结构的脆弱处进行精确补强	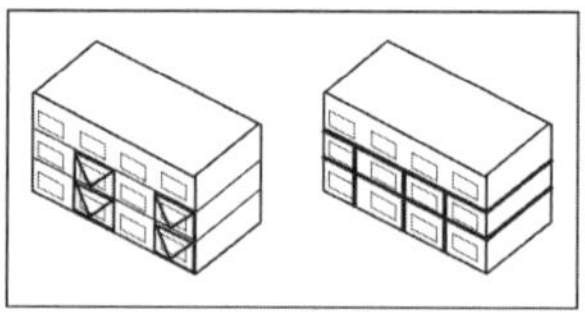
	预制模块加固	采用预制的方式，将模块在工厂生产好之后直接运送至现场装配安装	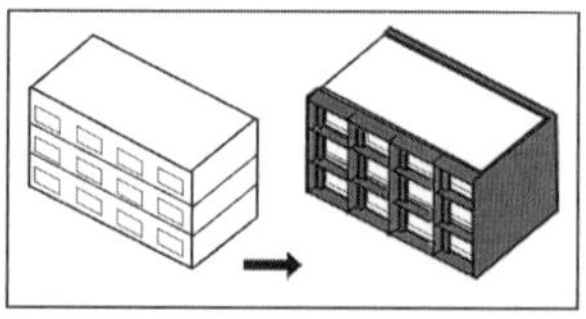
	附加钢架加固	通过在建筑外侧附加钢架支撑，新加钢架与原有的梁或柱子相连	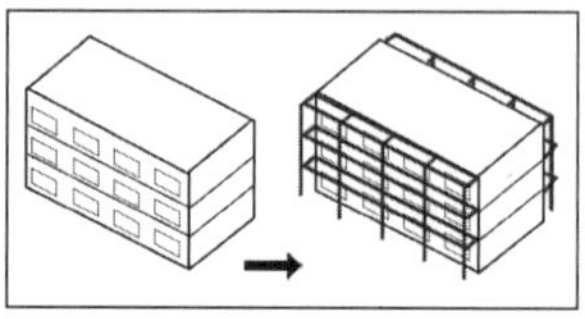

表格来源：编写组自绘.

直接加固法是指直接对原有的结构构件进行加固，此方法较为灵活，便于处理各类加固问题。如日本的千驮谷绿苑 HOUSE 改造项目，为了使便捷性与设计感不受到破坏，其改造方案避免使用斜撑，通过设置剪力墙、加厚墙体、加固实墙开口部位的加固方式提高结构的稳定性。加固以公共走廊为中心进行实施，使建筑南北两侧可以得到较大的建筑开洞、取得良好的建筑视野（图 4-4）。

间接加固法是指通过改变结构受力方式或增加辅助构件来提高结构的总体性能，间接加固法较为简便、可靠，且便于日后的拆卸、更换。如日本的山崎文荣堂本店改造项目，针对一栋建成 77 年的由文具公司和住宅构成的居住综合体进行改造，通过在建筑中增建辅助钢构斜撑的间接加固方法，使得建筑的结构安全得到保障，立面形象焕然一新（图 4-5）。

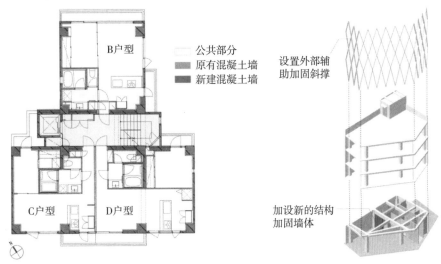

图 4-4　千驮谷绿苑 HOUSE 改造　　　　　图 4-5　山崎文荣堂本店改造

图片来源：青木茂. 美好再生：长寿命建筑改造术 [M]. 予舒筑，译. 北京：中国建筑工业出版社，2019.

4.3.2　构件提升

1）外墙改造

外墙是建筑围护结构中传热面积最大的部分，对整个建筑能耗有决定性的影响作用。外墙传热耗热量约占建筑围护结构传热耗热量的 25%，因此，减小既有居住建筑墙体的传热耗热量，将有效地改善既有居住建筑室内热环境，减少建筑能耗。

如西安市某高校家属区老旧住宅，采用系统的设计，建立了一套由保温层、防水层、保护层和装饰层等构成的完整的外墙保温隔热体系，有效改善了住宅外墙的保温隔热性能，降低了供暖和空调的能耗，提高了建筑的能源效率，从而达到节能减排的目的（图 4-6）。

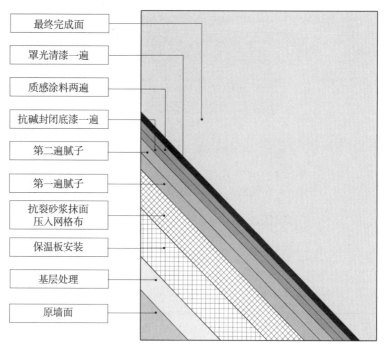

图 4-6　西安某高校家属区老旧住宅外墙改造方法
图片来源：编写组自绘．

最终完成面

罩光清漆一遍

质感涂料两遍

抗碱封闭底漆一遍

第二遍腻子

第一遍腻子

抗裂砂浆抹面压入网格布

保温板安装

基层处理

原墙面

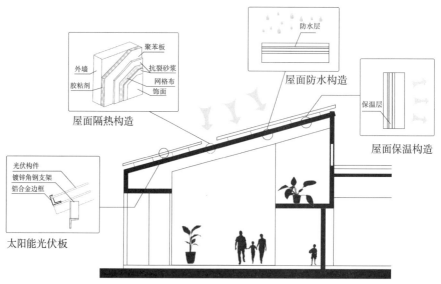

图 4-7　既有住宅屋面修缮措施
图片来源：编写组自绘．

2）屋面改造

屋面改造主要包含屋面防水修缮、屋面隔热修缮、屋面保温修缮、屋面设备修缮四部分，屋面防水修缮及屋面隔热保温改造应符合现行国家标准的相关规定（图 4-7）。

（1）屋面防水修缮

屋面防水改造应根据现有屋面防水材料特点及渗漏情况进行查勘，找准渗漏部位，分析渗漏原因，合理选用修缮防水材料，科学制定渗漏修缮方案。应对局部渗漏的建筑物屋面明显漏水点处局部铲除，重新铺设防水层，并做好与原有防水层的搭接。

（2）屋面隔热修缮

对于顶层住宅，夏季室内房间的热量最主要来源是太阳辐射，所以如果能有效减少太阳辐射，就可以减少顶层建筑的室内热量。可采用架设架空层、设置吊顶、铺设反射材料、平屋顶改坡屋顶、屋面种植或蓄水等方式来达到屋面隔热的目的。

（3）屋面保温修缮

对于无节能保温措施的屋面修缮应同时进行屋面节能改造，无保温屋面修缮时，在保证屋面防水质量的前提下，应注重提高屋面的隔热保温性能，如采用反射隔热涂料和增加保温板等技术措施。

（4）屋面设备修缮

屋面原有太阳能等设备宜进行整齐布置，太阳能热水的管道应做好防冻、防热、防爆等措施，相关管线按单元集中合理布置。有条件的既有建筑屋面修缮宜结合太阳能热水器和太阳能光伏进行统一的设计和改造安装。

3）门窗及遮阳

在既有居住建筑的节能改造中，门窗虽然占整个围护结构的比例不大，但是其导热系数大、空气渗透强，是建筑物热交换、热传导最活跃和最敏感的部位，也是围护结构节能保温的重要部分。

（1）更换节能门窗

窗户因其热阻值远小于外墙，是建筑保温的薄弱环节，窗户的散热量约占建筑总散热量的1/3。冬季时，窗内侧温度较低，会以辐射换热的形式从临近窗的人身上夺取热量，并会在窗户周围形成不舒适区，不舒适范围会随着窗面积的增大而扩大。因此，窗保温性能的改善应以减少热量损失为主，从窗户自身保温性能入手来改善窗的保温性能（图4-8）。

针对住宅内部空间热、声、光环境的需求及相关规范的要求，住宅室内空间门的改造可以从以下几个方面进行：

提高门的气密性，采用密封措施，在门缝隙处设置橡皮或其他材料密封条。

使用材料密度大的门，以提高空间的隔声性能。

（2）增设遮阳构件

夏季最主要的热量来源是太阳直射，因此，建筑遮阳是夏季防热的重要手段。建筑遮阳形式包括玻璃本体遮阳、内遮阳、绿化遮阳和外遮阳。

图 4-8 外墙节能窗
图片来源：编写组自摄.

图 4-9 住宅遮阳篷
图片来源：编写组自摄.

其中，外遮阳是遮阳效率最高的一种方式，而另外三种方式则相对经济一些。

既往的固定式遮阳方式，一般需要考虑建筑结构和立面效果等问题，在既有居住建筑围护体系改造中施工难度较大。因此，在既有居住建筑围护体系改造中，提倡采用活动式遮阳改造方式，增加遮阳设施的灵活性（图 4-9）。

4.3.3　设备改造

建筑与设备改造是降碳潜力最大的措施类别，居住建筑的设备低碳节能改造可以通过节能设备应用、节能产品汰换、设备系统升级等方面，降低建筑运行和公共环境维护的能耗。

1）给水排水设备改造

给水排水设备的改造是为了提高供水和排水的效率、安全性和可靠性，主要分为给水排水管道的改造和终端洁具的节水改造。

更换老旧、锈蚀或损坏的供水管道，更换破裂、堵塞或老化排水管道，改善排水效率，防止返味和返水。注意排水管道的隔声，减少噪声对居住生活的影响（图 4-10）。

终端洁具的节水改造通过对老旧洁具的更换达到在供水系统终端节约用水的目的，更换节水洁具主要包括更换节水马桶、更换节水水嘴、更换节水淋浴器等（图 4-11）。

2）电力设备改造

对建筑的电力设备进行升级和改进，以满足现代家庭对电力需求的增长和安全性、便利性的要求。确保所有改造工作符合当地的电气安装规范和安全标准。

图 4-10　更换设备管道　　　　　　　　　　图 4-11　节水马桶
图片来源：编写组自摄.　　　　　　　　　　图片来源：编写组自摄.

图 4-12　智能化综合安防管理控制系统　　　图 4-13　LED 节能灯具
图片来源：编写组自摄.　　　　　　　　　　图片来源：编写组自摄.

随着家用电器的增多，对原有的电路系统进行电路升级以满足负荷需求。检查和更换老化的电缆和线路，避免短路和火灾风险。更新插座和开关，使用带有防雷、防电涌保护的新型插座，安装智能化插座和开关，实现远程控制或定时开关功能（图 4-12）。更换老旧的灯具，使用节能的 LED灯具。安装智能照明系统，通过手机或语音助手控制灯具的开关和亮度（图 4-13）。

3）暖通设备改造

既有居住建筑的供热改造应与建筑节能改造相结合，可通过采用增加围护结构保温和供热设施一起改造的技术路线，使得建筑供热系统得到优化，进而达到改善用户供热质量的目的。

暖通设备改造应从源头、分配和器具三个方面进行考虑。在供暖源头改造中，可采用屋顶太阳能集热器，替代化石燃料制造热水，减少对环境的污染及温室气体的排放；在供暖分配改造中，可增设分户计量设备，住户可自行对供热时间及供热强度进行调节，并对老旧管线进行更新；在供暖器具改

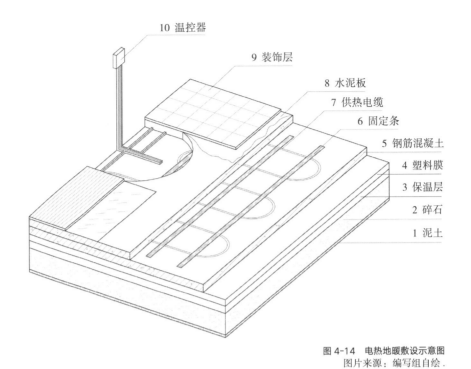

图 4-14 电热地暖敷设示意图
图片来源：编写组自绘．

造中，可更换导热系数大的散热器材料或敷设电热膜供暖设施，提高供暖效率（图 4-14）。

4）增设家庭厨余处理设施

增设厨余处理设施，可以实现厨余垃圾减量化、无害化和资源化，降低废弃物碳排放量，促进环保和可持续发展。需要政府推广政策、社区参与分类、社会资本投入建设、科技创新支持、宣传教育提升公众意识。

图中为安装在住宅厨房水槽下的厨余垃圾处理器，可以将厨余垃圾磨碎成小颗粒，通过下水道排出。既可以减少厨余垃圾的体积，并防止下水道堵塞（图 4-15）。

图 4-15 厨余垃圾处理器
图片来源：编写组自摄．

4.4.1 共用部分

既有居住建筑的共用部分包括楼梯、电梯和公共管线三部分。

1）楼梯

楼梯对于老人、儿童、拄拐者和视觉残疾者来说是最易造成危险的地方，摔倒后产生的后果往往也比较严重，因此值得设计者特别注意。安装牢固的扶手以帮助行走，避免在梯面和平台等处出现容易让人跌倒的凸起物。增加照明，使用节能感应灯具，人经过时自动点亮，方便夜间使用。对踏步表面进行防滑处理，如铺设防滑条或使用防滑材料，减少滑倒事故的风险。借助升降平台、自动升降设施等设备实现老年人等特殊人群的上楼问题（图4-16）。

（a）设备照片　　　　　（b）老人乘坐照片　　　　　（c）老人站立照片

图4-16　老旧小区楼梯的适老化改造
图片来源：编写组自摄.

2）电梯

加装电梯对于住宅功能的完善具有十分重要的作用，但传统电梯的安装需要设置基坑，对住宅周边埋置的基础和公共管线影响较大，因此，贴建于建筑立面的极小型装配式电梯部品在改造中具有很大的优势。首先，极小型的井道基坑施工可以避开大部分市政基础管线，其次，一体化设计和加工的装配式封装模块可以分段进入场地，一天之内即可完成施工，避免对现场环境造成污染。此外，小体积的电梯也可以节约用地，运行维护也较为方便（图4-17）。

3）公共管线

公共管线设置改造是为设备管线提供更加适宜的位置空间，便于设备管线更新维护，同时，也可有效改善围护体系外观性能和安全性的改造措施。

（a）电梯外部照片　　　（b）电梯底部照片　　　　（c）室内电梯厅照片

图 4-17　北京某高校宿舍增设小型电梯
图片来源：编写组自摄．

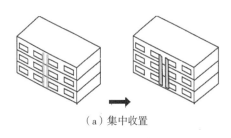
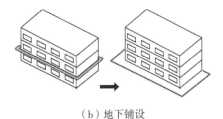

（a）集中收置　　　　　　　　　　（b）地下铺设

图 4-18　老旧小区公共管线改造措施示意图
图片来源：编写组自绘．

国内外实践中应用较多的方法有设备管线集中收置和管线地下铺设两种方式（图 4-18）。

设备管线集中设置是指将原设备管线更新后，统一设置于新增的管线设备间或者构件中，达到设备更新和界面整洁的效果。地下铺设改造是指针对管线悬空架设、影响安全和界面美观的住栋，将悬空线路整理后埋设于地下，地面配置维修箱管理。

此外，设备设施及管线还应符合检修维护的要求，应在管线集中部位设置检修口，宜采用管线分离的技术。

4.4.2　套内空间

1）空间功能提升

（1）户型重构

户型重构主要包括调整户内平面布局、改善厨房和卫生间等。如在保持住宅原有承重结构体系下，通过拆除套内非承重墙，或通过补强加固措施后拆除部分承重墙，实现对内部功能空间的更换、内部空间的重新分隔，使得原有住宅平面得到改善，功能更加合理，使用更加方便（图 4-19）。

有些既有居住建筑可以通过直接改变房间内部功能的方式改善原有的平面布局，不需要改变房间大小与空间风格，就可以取得较好的改造效果（图 4-20）。

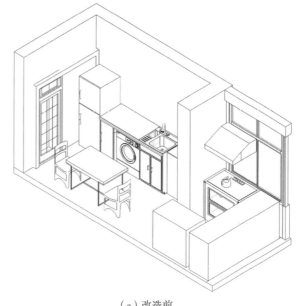

（a）改造前

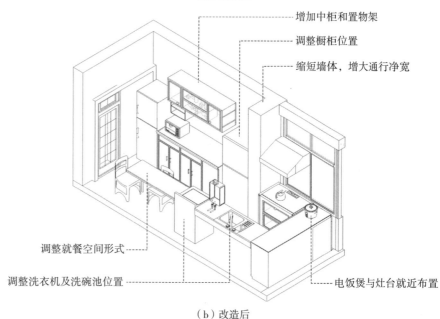

增加中柜和置物架

调整橱柜位置

缩短墙体，增大通行净宽

调整就餐空间形式

调整洗衣机及洗碗池位置

电饭煲与灶台就近布置

（b）改造后

图 4-19　餐厨空间改造示意图
图片来源：编写组自绘.

（2）空间可变

在结构条件允许的情况下，套内空间可以通过拆除非承重墙体、拓宽门窗洞口等方式调整套内空间的形式及组织方式，提升套内空间的可变性和适应性。

如厨房、阳台、餐厅与客厅可打通作为一个大空间，采用透明玻璃门或百叶窗和窗帘进行隔断，可增加整个户内空间的采光和通风，提升空间的通透性（图 4-21）。门窗洞口拓宽或者窗洞改为门洞，有助于户内空间的通风采光，同时也方便老年人拄拐或坐轮椅通行（图 4-22）。

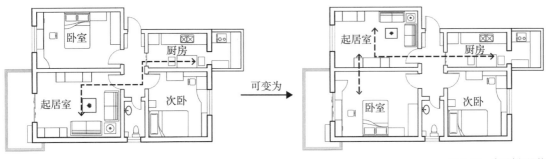

图 4-20　户型空间调整
图片来源：编写组自绘.

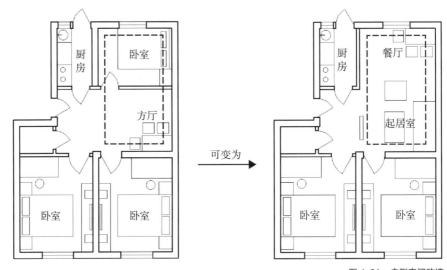

图 4-21　户型空间改造
图片来源：编写组自绘.

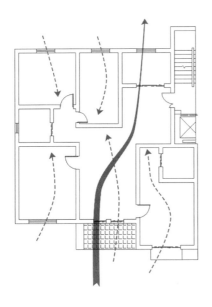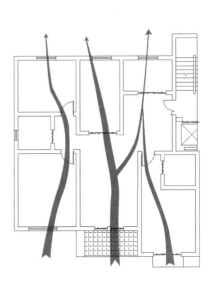

图 4-22　门窗洞口改造可改善采光和通风
图片来源：编写组自绘.

2）基于 SI 分离体系的改造内装部品

基于 SI 建筑体系的工业化内装部品分为集成化部品和模块化部品两类。

（1）集成化部品

在现有建筑进行改造或翻新时，对建筑内部的各类管线（如给水、排水、供电、通信等），需要考虑现有管线的状况、改造后的功能需求以及未来的维护和扩展可能性，进行系统的梳理、升级和优化布局。通过设计协同，使管线综合设计符合各专业之间、各种设备及管线间安装施工的精细化设计及系统性布线的要求。竖向管线集中布置，横向管线避免交叉。

改造可借助 SI 体系中墙面、吊顶及地面系统实现管线与主体的分离，在其空腔敷设电气管线、开关插座、面板等电气元件，有利于工业化建造施工、管理以及后期空间的灵活改造和使用维护。可采用轻质内隔墙树脂螺栓架空墙体、轻钢龙骨及木龙骨吊顶地脚螺栓架空地板等系统。各系统在容易操作的位置设检修口，可以方便检查和维修，实现维修与更换不破坏主体结构。

（2）模块化部品

在既有建筑改造中，整体卫浴、整体厨房、系统收纳三大模块化部品是关键（表 4-2），采用标准化设计，可根据现场情况定型尺寸，便于生产和安装。在部品的设计中，应尽可能丰富各个组成部品和部件，为居住者提供更为多样化的产品选择。并在装修改造实施过程中，预留统一的接口，有利于部品的维护和更换。工厂化、模具化的生产方式最大程度上避免了传统手工施工方式因施工质量参差不齐导致的各种质量隐患。通过整体配置、整体设计、整体施工装修，从而更集约地利用空间和实施标准化设计。

内装模块化部品 表 4-2

关键内容	设计要点	实景照片
整体卫浴	①工厂预制、现场装配、整体模压、一次成型	
	②防水盘结构，防水性和耐久性好	
	③配有检修口	
	④采用节水型坐便器、水龙头等	
整体厨房	①整体配置厨房用具和电器	
	②综合设计给水排水、电气、燃气等设备管线	
	③符合人体工程学，提高使用舒适度	
系统收纳	①便于灵活拆卸和组装	
	②综合设置独立式、开敞式、步入式	

表格来源：编写组自绘.

既有居住建筑近宅空间的环境整治，宜根据宅间和宅旁绿地的分布、绿化景观环境的现状条件，综合考虑绿地、活动空间、道路、停车空间等各类空间和场地的平衡，进行统筹布局和整体优化。

4.5.1 绿化环境改造

1）增设绿地

根据绿地的现状条件，对既有居住建筑宅间和宅旁的绿地空间及其布局进行整体统筹和优化。尽可能增加绿地，铺设透水性铺装，改善下垫面条件，改善微气候条件，缓和热岛效应。近宅空间受限时，可充分利用建筑散地、墙面（包括挡土墙）、平台、屋顶、阳台和停车场等场地，增加绿化面积，改善建筑近宅空间的环境品质。

2）绿化改造

绿化改造以复层式绿化改造方式为主。研究表明，大面积草坪不但维护费昂贵，生态效果不理想，其生态效益也远小于采用由乔木、灌木和草地等组成的立体绿化系统（图4-23）。

场地绿化的改造宜考虑既有居住建筑近宅空间的场地现状、四季景观效果以及乔灌木配比和常绿落叶植物比例。树种的选择既要考虑场地实际情况，也要考虑一年四季的景观效果，保证四季常绿，三季有花。适量增加座椅、花架、廊架、景观亭等景观小品（图4-24）。

也可借助平台和屋顶增加绿化。平台绿化要把握"人流居中，绿地靠窗"的原则，即将人流限制在平台中部，以防止对平台首层居民的干扰。绿地靠窗设置，并种植一定数量的灌木和乔木，减少户外人员对室内居民的视线干扰。屋顶绿化应种植耐旱、耐移栽、生命力强、抗风力强、外形较低矮的植物。坡屋面多选择贴伏状藤本或攀缘植物。平屋顶以种植观赏性较强的花木为主，并适当配置水池、花架等小品，形成周边式和庭园式绿化。

图4-23 西安市某高校家属院老旧小区宅前复层绿化
图片来源：编写组自摄.

图4-24 西安市某高校家属院老旧小区道边绿化
图片来源：编写组自摄.

3）植物选择

植物配置宜选择适应当地气候和土壤条件的本土植物，选用价格不高、少维护、耐候性强、病虫害少、多年生、对人体无害的植栽品种，有效提高植物的存活率，降低维护费用，突出地域特点。

对现有长势较差的树木应进行替换，缺损树木的补植应以低养护乔木品种为主，条件允许时，可补植观花乔木。新增植物可重点考虑冠大枝密的乔木，满足居民户外活动遮阳的需求。灌木和地被植物，应选取耐水性好的植物类型。

4.5.2　环境设施增补

既有住区的环境设施增补的目的在于增强住区功能、加强住区环境的安全性、提高居民生活的便利性，主要涉及照明与标识系统、公共充电桩、公共卫生设施和旧衣旧物回收设施。

1）照明与标识系统

根据既有住区现状，统一做好公共场地、道路等的亮化设计，照明设施改造以经济、简洁、高效为原则，做到照明适度，并符合国家相关规范的要求。

（1）节能灯具

路灯照明设施设计以经济、简洁、高效为原则，优先选择节能型灯具，小区照明控制应采用分区、定时、感应等节能控制方式。公共照明应采用高效节能灯具产品，如 LED 灯、荧光灯、金属卤化物灯等，宜优先选用中或低色温光源（图 4-25）。

（2）智能化技术

在满足照明需求的前提下，利用智能化技术合理分配和利用能源，可以实现能源使用的最大化，从而降低能耗。如合理规划照明设备的开关时间、采用

图 4-25　节能灯具
图片来源：编写组自摄

智能化运行模式、智能调节光照强度等措施有效地提高照明系统的能源效率，降低能源消耗（图 4-26）。

（3）标识系统

标识系统对住区环境品质提升有着重要作用，标识应充分考虑建筑、景

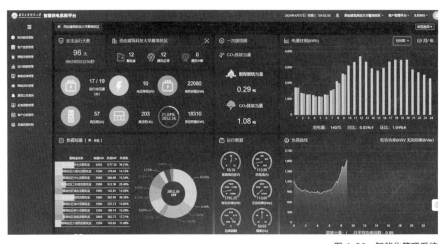

图 4-26　智能化管理系统
图片来源：西安建筑科技大学．

观环境及自身功能的需要进行设置，标识应位置醒目、尺寸适宜、外形美观、风格统一，满足人们日常生活的需要，提高生活品质。

2）公共充电桩

为了满足居民对电动汽车和电动自行车等电动交通工具的充电需求，在既有住区的改造中，应增设公共充电桩等充电基础设施。通过增设公共充电桩，住区可以为居民提供便利的充电服务，促进电动交通工具的使用，减少对化石燃料的依赖，降低空气污染，实现绿色出行和可持续发展。

机动车充电桩的安装位置需综合考虑住区内电动汽车的拥有数量，结合居民的使用习惯和停车分布合理确定（图 4-27）。充分保留和利用已有非机动车停车设施，采用集中为主、分散为辅的方式，设置非机动车停车和充电设施（图 4-28）。

图 4-27　西安市某高校家属院小区机动车充电桩
图片来源：编写组自摄．

图 4-28　西安市某高校家属院小区自行车棚
图片来源：编写组自摄．

3）公共卫生设施

增设公共卫生设施可有效提升既有住区卫生水平，如公共厕所、垃圾回收及分类设施等。

公共厕所应分为固定式和活动式两种类别，固定式公共厕所应包括独立式和附属式。公共厕所的增补应根据公共厕所的现状情况和服务对象按相应类别进行设置（图 4-29）。

垃圾回收及分类设施，可以有效提高垃圾的处理效率，减少垃圾的总量，促进资源的回收和再利用，同时也减轻了对环境的污染。设置可回收物、厨余垃圾、有害垃圾和其他垃圾等分类收集的垃圾分类收集点，对现有垃圾回收站进行升级，使其具备相应的分类处理能力，对生活垃圾、建筑垃圾及其运输方式等方面进行统筹考虑，完善由社区居民、小区保洁员、物业公司和市容环卫部门等共同参与的"多主体"垃圾分类回收体系。

4）旧衣旧物回收设施

我国在 2022 年发布了《关于加快推进废旧纺织品循环利用的实施意见》（发改环资〔2022〕526 号），旨在提高废旧纺织品的循环利用率。根据该文件，到 2025 年，废旧纺织品的循环利用率将达到 25%，到 2030 年则达到 30%。文件中包括了推行纺织品绿色设计、鼓励使用绿色纤维、完善回收网络等多项措施，以促进废旧纺织品循环利用行业的发展。

为了方便居民处理不再使用的衣物和其他物品，住区内应设置旧衣旧物回收设施，促进资源的循环利用和环境保护。如多功能回收站不仅可以回收衣物，还可以回收书籍、玩具、电子产品等其他物品。图中左侧为住区内设置的专门旧衣回收箱（图 4-30），供居民投放不再穿的衣物。这些衣物经过分拣、清洗和修复后，可以捐赠给需要的人或进行二次销售。

图 4-29 深圳市某小区公共卫生间
图片来源：编写组自摄．

图 4-30 深圳市某小区垃圾分类回收设施及旧衣回收箱
图片来源：编写组自摄．

思考题

1. 既有居住建筑低碳改造的重点和难点是什么？

2. 内装工业化改造模式在既有居住建筑的改造中有哪些优势？

3. 如何提升既有居住建筑套内空间的功能品质？

参考文献

[1] 张杰，张弓，李旻华.从"拆改留"到"留改拆"：城市更新的低碳实施策略[J].世界建筑，2022（8）.

[2] 刘月莉，仝贵婵，刘雪玲.既有居住建筑节能改造[M].北京：中国建筑工业出版社，2012.

[3] 清家刚.可持续性住宅建设[M].陈滨，译.北京：机械工业出版社，2005.

[4] 李岳岩，张凯，李金璐.居住建筑全生命周期碳排放对比分析与减碳策略[J].西安建筑科技大学学报（自然科学版），2021，53（5）.

[5] 刘东卫.城市住区更新的开放建筑方法与SI住宅再生设计实践研究[J].世界建筑导报，2023.4.

[6] 周静敏，苗青，陈静雯.装配式内装工业化体系在既有住宅改造中的适用性研究[J].建筑技艺，2017（3）.

[7] 青木茂.美好再生：长寿命建筑改造术[M].予舒筑，译.北京：中国建筑工业出版社，2019.

[8] 王小荣.无障碍设计[M].北京：中国建筑工业出版社，2011.

[9] 周静敏.装配式内装工业化系统在既有住宅改造中的应用与实验：设计篇[J].建筑学报，2020（5）.

[10] 秦姗，刘东卫，伍止超.可持续发展模式的住宅建筑系统集成与设计建造：中国百年住宅建设理论方法、体系技术研发与实践[J].建筑学报，2020，（5）：32-37.

第5章 低碳居住建筑发展与未来

5.1 技术革新对低碳居住建筑的影响	5.1.1 信息技术与建筑技术的融合	BIM	能源互联网与建筑的智慧管理	应用人工智能和机器学习
	5.1.2 模块化装配整体式建造技术	技术特点		减碳优势
	5.1.3 3D打印技术在居住建筑中的应用			
	5.1.4 储能技术的发展	热能储存（TES）系统		电能长时储存（LDES）系统
5.2 面向未来的建筑法规与政策	5.2.1 国内法规与政策	5.2.2 国际法规与政策		5.2.3 建筑能源评估和能源绩效证书
5.3 低碳社区	5.3.1 综合规划和布局	混合用途		规划要点
	5.3.2 低碳供给侧方法	交通规划与交通方式改变	提升基础设施效率	可再生能源供应
	5.3.3 实现低碳生活方式：教育和引导	低碳生活方式		激励措施

未来低碳住宅发展将侧重于可再生能源的集成应用、智能节能技术的广泛应用以及绿色建材的创新使用。政策引导、技术进步与社会意识的提升将共同推动低碳居住建筑向可持续性和环境友好性的方向迈进。

5.1.1　信息技术与建筑技术的融合

1）整合建筑信息模型（BIM）

建筑、工程和施工（AEC）行业的减碳重点主要集中在设计和运营阶段，但除此以外，施工期间的碳减排也同样重要。居住建筑建造过程中产生的碳排放（称为隐含碳）在其生命周期产生的所有碳排放中的占比较大。然而，这种隐含碳通常难以识别和减少。建筑信息模型（BIM）能够帮助建设部门降低在施工阶段的碳排放，从而有助于解决减少隐含碳。

（1）什么是隐含碳

隐含碳是指整个建筑物生命周期中与使用的材料和施工过程相关的碳排放。通常包括在原材料获取、原材料运输、施工材料制造和运输过程中产生的碳排放，以及在施工、运营、翻新、拆除和处置过程中产生的碳排放。随着运营碳的减少，隐含碳的碳排放比例将大幅上升。

（2）BIM如何支持可持续建设

BIM是建设项目全周期的数字化表达，涉及设计、施工与运营管理。BIM提升了AEC行业的资源与能源效率，助力可持续发展，并减少了施工阶段的不确定性和错误，避免了延误和返工。BIM还用于优化结构设计，如预制空心板的应用减少了材料和运输过程的能耗、废物与排放。通过精确规划和管理，BIM有助于减少现场浪费，并适用于多种建造方法。

2）能源互联网与建筑的智慧管理

（1）物联网（IoT）技术

物联网是一个由相互连接的智能设备组成的系统，通过互联网进行通信，从而确保有效的信息交换。通过将日常设备和物体连接到网络，物联网有可能彻底改变人们与周围世界的互动方式。例如，物联网有潜力彻底改变人与城市互动的方式。以减少碳排放为目标，世界许多国家已经开始实施智慧城市举措，通过使用物联网技术监控交通模式，城市可以识别拥堵区域并调整交通灯、十字路口甚至公共交通选项以减轻负担，这有助于最大限度地减少运输源的碳排放。

（2）实施智能自动化和控制系统

对于居住建筑来说，以智能家居设备为载体的物联网技术在日常生活中发挥着越来越重要的作用。接入物联网的日常设备（如电视机、洗衣机、窗帘和汽车）可以通过编程来执行多种任务，从早上启动咖啡烘焙过程到在工作时关闭供暖或空调系统。住户可以利用他们收集的数据来调整其生活方式和日常生活，以提高能源效率，从而降低水电费和碳足迹。例如，房主可以使用物联网连接的设备来自动化他们的灯光和电器，将它们设置为在不使用时关闭。这个简单的任务可以在节能方面产生巨大的影响，从而减少电力消耗并节省总体成本。

根据 Inter Digital 最近的一份报告，人工智能和物联网等新技术将在 2030 年节省近 1.8PWh 的电力，足以支持超过 1.365 亿家庭一年的生活。报告还指出，物联网设备的大规模采用将导致每年减少 3.5PWh（碳氢化合物）燃料的使用，有助于减少温室气体排放。

3）应用人工智能和机器学习

（1）大数据分析

人工智能和大数据技术为预处理和分析建筑相关数据提供了强大的方法，可以协助建筑管理员和能源经理做出决策。通过优化能源使用策略，最大限度地减少碳排放。例如在减少居住建筑碳排放方面，利用计算机视觉技术可以识别人员分布、控制建筑电器，避免无人区域的电力浪费。或者，使用摄像头进行动作识别，预测建筑物内的人的行为，并自主控制空调等电器，以避免恒温设置造成的过冷过热的能源浪费。人工智能建筑系统还可以从住房使用的历史模式和居住者的日常习惯中学习，以预测和开启、关闭设备。例如，自动管理灯光、供暖和制冷的软件和硬件可以帮助建筑物减少能源消耗。因此，人工智能在减少建筑物排放方面具有巨大潜力，但它的效果取决于它所学习的数据。

（2）建筑性能预测和优化

构建可预测能源消耗增长的模型对决策者至关重要，助力政府和企业制定环保政策和战略，控制环境问题，推动可持续发展。碳排放预测的复杂性使得传统统计方法难以应对，而人工神经网络（ANN）则能通过非线性建模处理这种复杂性，提供准确预测。ANN 擅长处理噪声数据，可以应对多变量的非线性及不明交互作用。

建筑能耗常作为时间序列数据进行分析，由于其重要性和非线性特征，供暖、通风和空调（HVAC）的能耗通常更受关注。对于小型数据集，通常运用统计模型进行时间序列分析，如自回归（AR）、移动平均（MA）、自回归移动平均（ARMA）以及自回归积分移动平均（ARIMA）模型等。而处理大型数据集时，深度学习模型更为合适，这些模型包括多层感知器、循环神经网络、长短期记忆神经网络以及具有注意力机制的 AR 模型。

5.1.2　模块化装配整体式建造技术

1）技术特点

模块化装配整体式建筑是由建筑模块通过可靠的连接方式装配而成的建

（构）筑物。其中，建筑模块是指在工厂预先制作的单个房间或具有一定功能的三维建筑空间单元。模块化装配整体式建筑以工业化建造方式为基础，将传统房屋以单个房间或一定的三维建筑空间为建筑模块单元进行划分，实现建筑结构系统、外围护系统、内装修系统、设备与管线系统一体化和策划、设计、生产、施工、运维一体化的集成设计建造。模块化组合的建筑结构体系与以杆件、板体为基本组合单元的建筑结构体系相比，预制化比例更高。据统计，预制大板结构体系的预制比例可达 60% 左右，而模块化建筑结构体系的预制比例一般可达 85% 以上，其中，完全工厂制造的模块化建筑的预制比例可高达 95%，仅剩余的 5% 为现场基础施工与模块安装的连接工作。

2）减碳优势

模块化住房通常在材料、劳动力和能源使用方面更加高效，且具有缩短施工时间、增强安全性、提升经济性、减少建筑垃圾、未来变化的灵活性、增加材料循环利用的可能性等优势。模块化住房可以有效减少施工建造过程中对混凝土和钢材等碳密集型产品的依赖，并有效减少现场作业和材料生产、运输过程的碳排放。英国剑桥大学和爱丁堡龙比亚大学学者的一项最新研究表明，模块化技术建造的住房与传统住宅建造方法相比，产生的碳排放量最多可减少 45%。美国加州大学伯克利分校的研究者以加利福尼亚州为案例研究，将使用工厂建造的模块化集合住宅的具体温室气体排放量与传统现场施工方法的排放量进行比较，以探讨模块化住房在减少隐含碳方面的潜在效益。研究结果表明，与常规的木结构框架（Stick-Built）住房相比，模块化住房的温室气体排放量可减少 2%~22%，其潜在效益取决于建筑材料的选取和工厂的位置。

5.1.3　3D 打印技术在居住建筑中的应用

1）技术特点

3D 打印，也称增材制造，通过层叠材料制造复杂几何形状的物体，减少材料浪费。首个功能性 3D 打印机由 Charles W. Hull 于 1984 年开发。起初，高昂成本限制了消费者使用，但 21 世纪成本降低后，3D 打印广泛应用于医疗、航空、建筑等领域。作为建筑业的革新方法，它通过建模技术和打印流程提高生产力。建筑用 3D 打印常用材料为混凝土，该技术实现了无模具免模板成型，要求混凝土拌合物具有特定的技术性能。此外，3D 打印也使用材料如塑料、金属、碳纤维等制造房屋和大型建筑构件。近年来，大型 3D 打印机能够进行工业规模的建筑打印，基于龙门架系统在 XYZ 坐标中定位打印喷嘴，但其封闭体积限制了建筑的最大规模。

与龙门架系统相比，机械臂系统则更为先进。它为末端执行器（打印喷嘴）提供了更多的滚动、俯仰和偏移控制，使打印喷嘴能够完成更细致的打印图形，包括使用切向连续性方法进行打印。通过保持恒定的曲率变化率，切向连续性方法可以在打印层之间创建更美观的过渡。

此外，Mini Builders 研发了一种不依赖龙门架的 3D 混凝土打印方法（图 5-1）。该系统使用了三个带有传感器的小型移动机器人。先由第一个机器人遵循明确指定的初始路径浇筑混凝土基础（图 5-1a）；然后通过将第二个机器人放置在基础上并由滚轮固定，完成垂直墙体的打印（图 5-1b）；第三个机器人通过压缩空气和吸盘固定，完成水平层结构的打印（图 5-1c）；最后是加固剂的喷涂（图 5-1d）。

2）减碳优势

与传统建造方式相比，运用 3D 打印技术建造房屋需要的材料更少，且可以减少废料的产生，因此碳排放量较低。同时，新型的绿色环保混凝材料的运用，可进一步提升减碳效果。

北美最大的可持续水泥材料和近零碳水泥替代产品生产商 Eco Material Technologies 和可持续 3D 打印建筑项目的领导者 Hive 3D，于 2023 年推出了第一批使用近零碳水泥的 3D 打印房屋。该项目的 3D 打印住房采用 Eco Material 生产的近乎零碳的、更持久且更耐用的 Pozzo CEM Vite 水泥。这

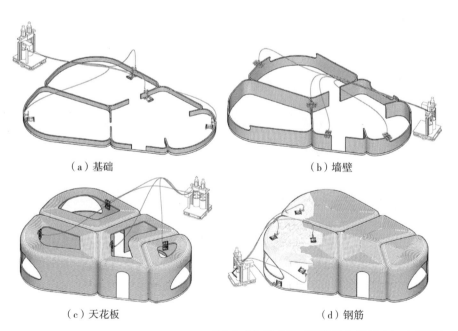

| （a）基础 | （b）墙壁 |
| （c）天花板 | （d）钢筋 |

图 5-1　Mini Builders 使用的 3DP（3D Printing）流程图

图片来源：Bazli M，Ashrafi H，Rajabipour A，et al. 3D Printing for Remote Housing: Benefits and Challenges[J]. Automation in Construction，2023，148：104772.

种绿色水泥产品可百分百取代混凝土中的波特兰水泥，并使碳排放量降低92%，且比传统波特兰水泥凝固速度更快。

5.1.4 储能技术的发展

未来的住宅供暖系统将转向低碳电力和燃料，并需要采用多种能源存储技术。与家庭储能（HES）相比，社区储能（CES）具有优势的规模经济和理想的存储规模，CES系统越来越受欢迎。

为了解各种储能形式的相互配合可能带来的潜在效益，可以通过路径建模的方式表达实现净零排放的成本优化方法。下图为路径建模优化中的能量流桑基图示意，表示能量流在哪里可以合并、拆分，并通过一系列事件或阶段（如将燃料转化为电能或将电能储存起来）进行追踪（图5-2）。图中每股能量流的宽度对应能量流中的能量值。

1）热能储存（TES）系统

热能储存（TES），作为向可持续能源过渡的一种方法，用于适应日常能源需求波动，目前常见于日间短期存储。未来季节性热能储存（STES）技术的研发应用将日益关键，该技术能够平衡季节性需求和高峰时段的热需求，缩减对天然气的依赖，减少装备容量，提高可再生能源使用效率，并降低运营成本。

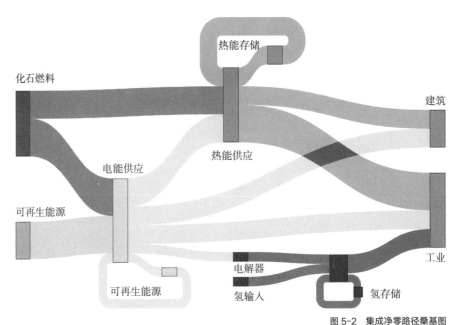

图 5-2 集成净零路径桑基图

图片来源：Mckinsey & Company. Net-Zero Heat：Long Duration Energy Storage to Accelerate Energy System Decarbonization [R]. LDES Council，2022.

目前世界领先的成熟热储能技术包括荷兰的低温含水层热能储存（ATES）和丹麦的坑式热能储存（PTES）。正在积极研究并具有潜力的热储能形式有太阳能热驱动的 PTES、太阳能热储罐 TES 以及废物能源（EfW）热电联产（CHP）系统与 PTES 结合的解决方案。

坑式热能储存（PTES）通过地面坑洞中的水（或配有砾石或沙子）作为热储存介质，它通常与具有大型太阳能热阵列的热网一起使用，热电联产（CHP）和垃圾焚烧厂也被用作热源。太阳能 PTES 系统在夏季吸收热能，初冬时储存的热量在 90℃ 左右，可以直接用于供暖热网。低温含水层热能储存（ATES）系统以循环服务的方式提供供暖和制冷，夏季提取热量用于制冷，冬季储存热量用于供暖。ATES 系统由两个井（一个冷井和一个暖井）、一个热泵和一个干式冷却器组成。

2）电能长时储存（LDES）系统

2021 年，全球长时储能委员会在其报告中定义长时储能（LDES）为能长期储存电能并支持数小时至数周供电的系统。国内一般将 4h 以上储能视为长时储能。这类储能系统对未来电力系统脱碳至关重要，能增强电网灵活性和可靠性。电能长时储存系统类型繁多，包括锂 / 钠离子电池、液流电池、超级电容、飞轮和压缩空气存储等，其中，锂离子电池较为商业化，其他技术还在商业化应用初期或探索商业化应用阶段。

储能系统能提高电网的可靠性和稳定性，补偿输电容量限制，应对气象条件所导致的供需波动。以住宅楼为例，已装有光伏发电系统的住宅，可在白天通过储能设备（通常是蓄电池）将电能储存起来供夜间使用，受电池容量所限无法储存的电能则可以输入电网。通过将能源系统与蓄电系统集成，可以提高电力供应的稳定性。

5.2.1　国内法规与政策

近年来，我国发布了一系列节能降碳相关政策，其中，与低碳居住建筑联系较强的政策包括国务院《关于加快建立健全绿色低碳循环发展经济体系的指导意见》（2021）、住房和城乡建设部《"十四五"住房和城乡建设科技发展规划》（2022）、住房和城乡建设部《"十四五"建筑节能与绿色建筑发展规划》（2022）、九部门联合发布的《建立健全碳达峰碳中和标准计量体系实施方案》（2022）等。

"城乡建设绿色低碳技术研究"是《"十四五"住房和城乡建设科技发展规划》的重点任务，任务要求以支撑城乡建设绿色发展和碳达峰碳中和为目标，聚焦能源系统优化、市政基础设施低碳运行、零碳建筑及零碳社区、城市生态空间增汇减碳等重点领域，从城市、县城、乡村、社区、建筑等不同尺度、不同层次加强绿色低碳技术研发，形成绿色、低碳、循环的城乡发展方式和建设模式。

根据《"十四五"建筑节能与绿色建筑发展规划》，到 2025 年我国将完成既有建筑节能改造面积 3.5 亿 m^2 以上，建设超低能耗、近零能耗建筑 0.5 亿 m^2 以上，装配式建筑占当年城镇新建建筑的比例达到 30%，全国新增建筑太阳能光伏装机容量 0.5 亿 kW 以上，地热能建筑应用面积 1 亿 m^2 以上，城镇建筑可再生能源替代率达到 8%，建筑能耗中电力消费比例超过 55%。力争到 2025 年，全国完成既有居住建筑节能改造面积超过 1 亿 m^2，城镇新建居住建筑能效水平提升 30%。

根据 2023 年我国发布的《碳达峰碳中和标准体系建设指南》，未来我国将加强与联合国政府间气候变化专门委员会（IPCC）、国际标准组织（ISO、IEC、ITU）等机构的合作对接，聚焦能源绿色转型、工业、城乡建设、交通运输、新型基础设施、碳汇、绿色低碳科技发展、循环经济等重点，跟踪碳达峰碳中和领域最新国际动态。2024 年我国发布的《加快推动建筑领域节能降碳工作方案》中提出推动居住建筑配置能源管理系统，推动居住建筑等新建建筑光伏一体化建设，推进居住建筑供热计量和按供热量收费，提高住宅采暖、生活热水、炊事等电气化普及率，积极推广装配化装修。

碳足迹通常是指以二氧化碳当量表示的特定对象温室气体排放量和清除量之和，特定对象包括产品、个人、家庭、机构或企业。石油、煤炭等含碳资源消耗越多，二氧化碳排放量越大，碳足迹就越大；反之，碳足迹就小。就建筑产品碳足迹而言，建筑全生命周期碳排放包括了建材生产阶段、建材运输阶段、建筑建造阶段、建筑运行阶段、建筑拆除阶段等部分，其中涵盖了各个部件和产品在原材料获取、制造、分销、使用和回收处置等各个环节的碳排放。2024 年，生态环境部等 15 部门联合印发《关于建立碳足迹管理体系的实施方案》，旨在加快建立我国碳足迹管理体系，促进生产生活方式绿色低碳转型，增进碳足迹工作国际交流互信，助力"双碳"目标实现。

5.2.2 国际法规与政策

美国联邦政府 2021 年发布的行政命令《通过联邦可持续发展促进清洁能源产业和就业（EO 14057）》，与《联邦可持续发展计划》一起，更具体地描述了建筑脱碳的相关政策，并提出了到 2045 年实现建筑净零排放的目标。为了实现这一目标，联邦政府制定了一系列政策要求，以促进电气化并减少新建建筑和重大改造中的能源使用：（1）制定并发布首个联邦建筑性能标准，以提高效率和脱碳；（2）为不同建筑类型类别设定关键绩效基准，包括到 2030 年减少能源和用水的年度数据驱动目标；（3）使用绩效合同来减少联邦政府拥有和租赁的建筑物的碳排放并实现更高水平的可持续性。在地方层面，美国许多州、市和县制定了指导当地新建和现有建筑实现零碳、零能源的政策。以加州为例，2015 年提出净零能耗行动计划，2020 年起所有新建住宅建筑必须实现零能耗。对于既有建筑，到 2030 年 50% 的商业建筑改造为零能耗建筑，到 2025 年国家重大建筑改造工程的 50% 为零能耗建筑。

2020 年批准的《欧洲绿色新政》是欧盟委员会提出的一系列政策举措，其总体目标是在 2050 年实现欧盟气候中和。建筑物的能源绩效是欧盟能源和气候政策的优先事项之一。欧盟提高建筑能源绩效的主要工具是《建筑能源绩效指令》（EPBD），该指令于 2002 年首次推出。能源绩效的提升通过各种方法来实现，例如对新建建筑实施新的建筑规范，对现有建筑进行能源改造，制定财政激励措施以提高能源效率并影响消费者行为。在大多数欧洲国家，建筑能源认证（Energy Certification）已成为提高能源效率、减少能源消耗、提高建筑物能源使用透明度的关键政策工具。根据欧盟 2024 年的修订版《建筑能源绩效指令》，到 2030 年，住宅建筑的能源使用量将减少 16%，到 2035 年，减少 20%~22%；自 2028 年 1 月 1 日起，欧盟所有新建住宅和非住宅建筑必须实现化石燃料现场零排放。该协议还要求欧盟成员国必须制定供暖制冷领域逐步淘汰化石燃料的具体措施，力争到 2040 年全面淘汰化石燃料锅炉，并在 2050 年实现零排放。其住宅建筑存量的平均一次能源使用量 [kWh/（$m^2 \cdot y$）] 目标如下：到 2030 年，比 2020 年至少减少 16%；到 2035 年，与 2020 年相比至少减少 20%~22%；随着住宅建筑群向零排放建筑群的转变，2030 年至 2050 年期间，平均一次能源使用量逐步减少，小于等于国家确定的数值。根据欧盟委员会的要求，欧盟各成员国不断推进建筑业脱碳新举措，例如 2024 年德国新修订的《建筑能源法》（GEG）规定每个新安装的供暖系统必须由 65% 的可再生能源供电。

根据日本国土交通省的数据，目前日本的每户家庭能源消耗量大约是美国的三分之一，德国和其他欧洲国家的二分之一左右。为了实现 2021 年《全球变暖对策计划》设定的基本路线图，到 2030 年，日本新建的房屋应达到净零能耗的水平，并且预计将有 60% 的新建独立住宅配备太阳能发电设备。

5.2.3　建筑能源评估和能源绩效证书

欧盟 2010 年版《建筑能源绩效指令》（EPBD）和 2012 年出台的《能效指令》是旨在减少现有建筑二氧化碳排放的欧洲立法的主要政策工具。能源绩效证书（EPC）是欧盟《建筑能源绩效指令》的核心要素。2002 年，欧盟议会将 EPC 定义为"由成员国或其指定的法人认可的证书，表明建筑物或建筑单元的能源性能"。EPC 通常包括以下类型的数据特征：①建筑参考（标识、类型、施工年份）；②建筑几何形状（建筑面积、围护结构）；③证书方法（测量数据与计算数据、审核时间段）；④实际能源消耗（每种来源的能源使用）；⑤计算的能源绩效；⑥能源系统安装（HVAC、太阳能）；⑦建议（及其实施）；⑧附加信息（参考值、排放）；⑨能源专家信息。不同国家的 EPC 实施方式在数据收集方法和数据收集特征方面有所不同。到 2014 年，所有欧盟成员国都建立了 EPC 质量控制体系。

通过能源评估，用户、房地产开发商和决策者可以了解包括材料特性在内的各种因素对建筑能源使用的影响。在所有欧盟国家和英国出售或租赁房产时，EPC 都是强制性的。EPBD 制定了一般准则，每个欧盟成员国都以自己的方式实施这些准则。英国（英格兰和威尔士）也有自己的 EPC 定义。因此，EPC 定义多种多样，而且从历史上看，很难比较欧洲司法管辖区的 EPC。EPC 标签通常包括一个基于排名系统的类别（图 5-3），从 A 类（最节能）到 G 类（最不节能）。这些类别表明了该物业的预期能源使用水平和二氧化碳排放量，以每年每平方米千瓦时数表示。

EPBD 要求欧盟成员国确保为其所有出售或出租的住宅物业提供能源绩效证书（EPC）（图 5-4），用于生成能效评级的计算方法在不同地区和地区内有所不同。根据欧盟 2023 年修订《建筑能源绩效指令》的"临时协议"，未来改进的能源绩效证书（EPC）将基于具有共同标准的欧盟通用模板。

英国自 2008 年起，要求所有住宅都必须获得能源绩效证书（EPC）。这些证书基于建筑性能的设计阶段模型，从 A 级（效率最高）到 G 级（效率最低）；住宅的效率越高，供暖费用就越低。EPC 不包括电器使用的能源。EPC 还附有一份说明，建议采取何种措施来提高建筑物的能效等级。

日本于 2022 年修订《建筑能效法》，要求从 2025 年开始，所有新建建筑（包括住宅建筑）遵守能效标准。并从 2024 年开始，所有住宅和非住宅建筑（包括现有建筑）在出售或租赁时，供应商有义务提供建筑能效显示标识。

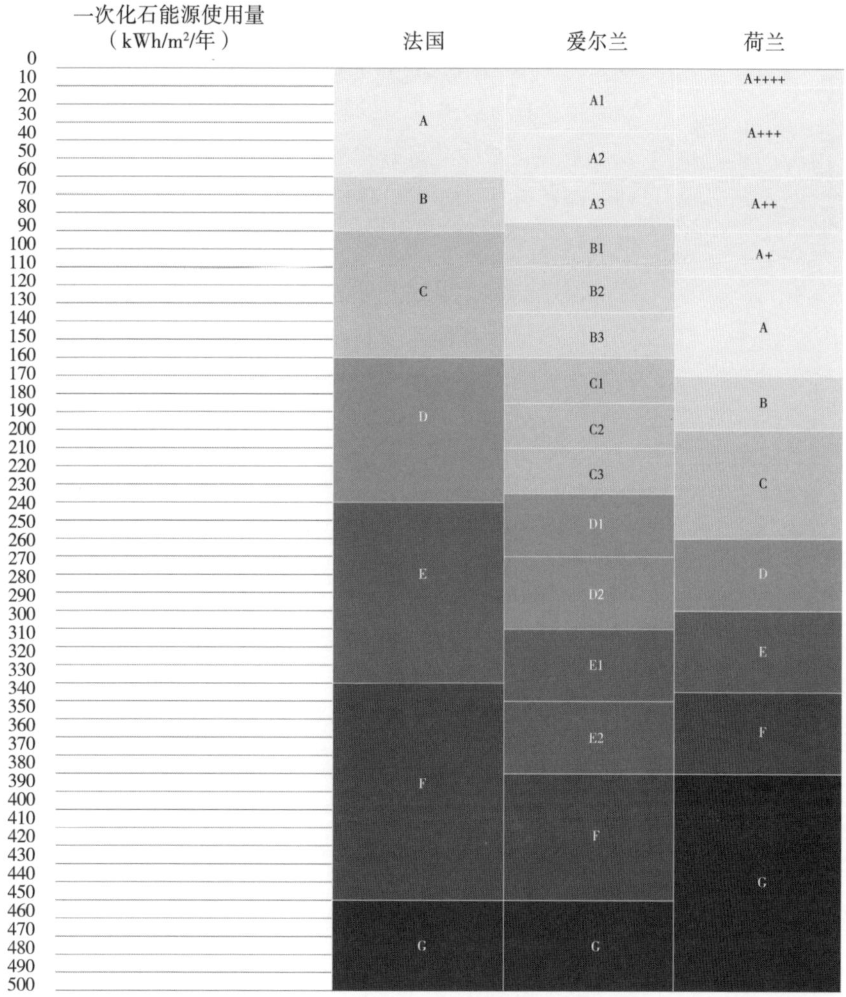

一次化石能源使用量
（kWh/m²/年）

	法国	爱尔兰	荷兰

图 5-3　法国、爱尔兰和荷兰的 EPC 等级定义差异

图片来源：S&P Global. Building Energy Regulations and the Potential Impact on European RMBS [EB/OL].
（2023–09–06）[2024–03–10]. https：//www.spglobal.com/_assets/documents/ratings/research/101585897.pdf.

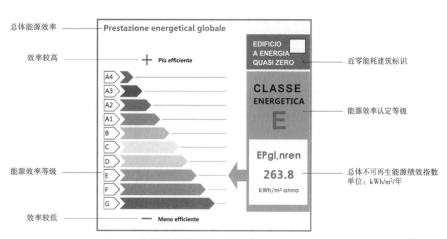

图 5-4　意大利房屋的能源效率认证（Attestato di Prestazione Energetica 或 APE）

图片来源：意大利 ACCA 公司.

低碳社区的目标与更广泛的"生态友好"和"宜居"目标相一致，因为减少碳排放的本质有利于紧凑、适合步行、资源高效的设计，从长远来看，低碳社区具有经济性和包容性。

首先，减少社区碳排放的最经济可行的方法是促进有效、高效的社区规划和建筑设计，在提供优质生活的同时大幅减少对能源的需求。其次，低碳供给侧方法可以有效、经济地满足社区需求。这种先减少需求、后降低碳供给的层次结构，既适用于新建的社区，也适用于处于改造阶段的现有社区。此外，重视教育和激励制度，可以培养居民的低碳意识，并对居民的行为进行有效的引导（图 5-5）。

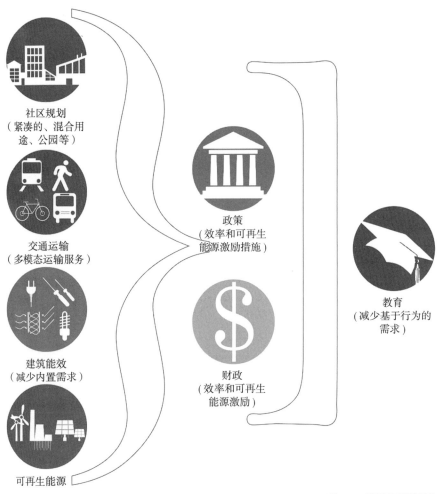

社区规划
（紧凑的、混合用途、公园等）

交通运输
（多模态运输服务）

建筑能效
（减少内置需求）

可再生能源

政策
（效率和可再生能源激励措施）

财政
（效率和可再生能源激励）

教育
（减少基于行为的需求）

图 5-5　低碳社区策略总结

图片来源：Tyler Blazer，AIAS/AIA COTE 2010 Research Fellow. Low-Carbon Communities：An Analysis of the State of Low-Carbon Community Design [R]. The American Institute of Architects，2011.

5.3.1　综合规划和布局

高密度和混合用途的社区规划可以减少居民因工作、购物和居住地点不同而产生的汽车出行需要，同时也能增强社区凝聚力。紧凑的、以交通为导向的社区规划和高能效建筑设计，能显著减少能源需求。人口密集的住房由于共享墙壁、地板和天花板而具备更好的节能效果。社区应将各种设施规划在步行或骑行的可达范围内，而不是专门为汽车出行设计。社区设计的关键包含保持经济适用性、持久性，并营造独特的社区身份。低碳社区往往兼顾这些要点，并通过采用高密度和混合用途的设计方案来减少因建筑空间过大和交通导致的碳排放。社区的布局和安排不仅要降低通勤需求，还要考虑良好的日照和朝向，从而提升太阳能的利用。

如加拿大维多利亚市的 Dockside Green 等新开发项目（图 5-6），规划了多功能设施和高密度布局，以促进社区就业和"第三空间"的概念，其既非工作地点也非住宅，而是居民聚集或休闲的中介空间。Dockside Green 的特色之一是其现场的生物质热发电厂，该发电厂能满足社区约 75% 的能源需求，其余 25% 的能源通过购买绿色电力证书实现碳中和。

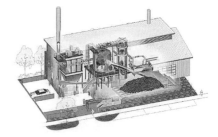

图 5-6　Dockside Green 项目外观及其生物质发电厂
图片来源：Renewable Energy World 官方网站.

5.3.2　低碳供给侧方法

1）交通规划与交通方式的改变

寻找减少个人汽车出行的方法是达到低碳状态的重要一步，这可以通过持续增加便捷的公共交通替代选项、通过创建高密度混合用途社区减少驾车出行的需求，以及通过限制停车位数量或收取实际市场价值的停车费用以减少私人车辆使用来实现。混合用途、高密度的开发减少了个人对汽车的依赖，通过在步行距离内提供零售、居住、教育和工作机会能够实现这一目标。消除个人车辆出行，甚至可能完全不拥有汽车，可以让居民大幅节省费用，从而增强社区的可负担性。虽然高密度的混合用途社区规划允许步行和骑行，但是公共交通对于更长途的旅行和不太方便行动的人来说至关重要。

英国贝丁顿零能源发展住区（BedZED）通过限制现场的停车位数量来引导居民采用骑行、步行、公共交通等替代交通方式。

实现低碳生活需要减少私人汽车出行，其方法包括增加公共交通选择、推广步行和自行车出行、规划高密度混合用途社区降低驾车需求，也有如英国 BedZED 住区通过限制停车位鼓励使用非汽车出行的方式。混合用途开发可减少对个人汽车的依赖，集中零售、居住、教育和工作地点以支持步行生活方式。这样不仅能减少车辆出行，还能节省居民开支，提升社区经济。

2）提升基础设施的效率

设计和材料的选择应促进能源效率和耐久性，并应灵活应对未来几代居民不断变化的需求，以及未来潜在的技术进步。例如，通过提高隔热值来增加围护结构的密封性，从而提高能源效率，并采用高效电器、燃气设备和照明设备。材料选择在设计过程中很重要，因为材料的生产、使用、回收和处置过程中的能源消耗会对项目的碳足迹产生影响。水资源管理同样重要，与传统供水和处理系统相比，储存、处理和再利用水资源，可以减少相关的能源和碳排放。

3）可再生能源供应

紧凑的、以交通为导向的社区规划和高能效建筑设计，能显著减少能源需求。在尽可能有效地设计社区及建筑物后，满足低碳或零净碳设计目标所需的可再生能源将会减少。低碳社区可采用一系列可再生能源供应，包括被动式太阳能空间供暖和太阳能光伏（PV）、风能、生物质能和地热能（地源热泵和储能）。生物质燃料包括木材和农业废弃物，它们是快速可再生能源，燃烧时被认为是碳中和的，其燃烧产生的净碳相当于生物质腐烂时产生的碳量。大多数涉及生物质的项目采用热电联产系统（CHP）。典型的火力发电厂中燃料源的三分之二的能量损失是通过烟囱向上输送的热量，而热电联产系统同时产生电和有用的热，即利用发电后的废热产生有用的蒸汽或热水，用于工业制造、民用供暖等，也可利用发电或工业制造的废热产生蒸汽，进行发电，达到能量最大化利用的目的。以格林威治千禧村为例，该社区即使使用化石燃料，将其作为热电联产系统的主要燃料，也能提高其主要燃料效率，因此比传统社区具有更低的碳足迹。

5.3.3 实现低碳生活方式：教育和引导

沟通和教育对于培养有意识和支持性的文化非常重要。通过教育居民如何有效地过低碳生活，建立激励措施，低碳社区可以形成一种节约文化。

以日本柏叶学园第 2 大道 Park City 大型公寓综合体项目为例（图 5-7），该项目为住宅单元标配"Eco LINCo"可视化系统，该系统可显示家庭用电量、燃气和水的消耗以及二氧化碳排放量。通过该系统，居民每天可以在每个住宅单元的"二氧化碳可视化"屏幕上检查二氧化碳减排量，从而提高家庭的节能意识。通过排名展示、生态积分等激励措施，促进邻里沟通，为形成和培育生态社区提供支持。激励措施包括：①向二氧化碳排放量低的住宅单元（家庭）发放积分，积分可在"LaLaport 柏之叶"等当地商业设施中兑换商品；②由第三方机构"柏之叶町生态振兴协议会"对住宅内减少的二氧化碳排放量进行"环境价值"认证，并颁发"碳抵消证书（白色证书）"；③通过专门的社交网站（SNS），参与家庭可以查看自己的排名，并与其他成员交流与生态相关的信息；④与当地居民运营的柏之叶生态俱乐部合作，支持良好社区的形成和发展。上述机制有助于激活社区交流，支持生态社区的形成和发展。

图 5-7　智能城市外观图
图片来源：三井不动产网站.

思考题

1. 未来信息技术与建筑技术的融合将如何推动居住建筑减碳？
2. 对居住建筑进行能源评估的意义是什么？
3. 居住建筑模块化装配式建造模式的减碳优势有哪些？

参考文献

［1］　Huang H，Dai D，Guo L，et al. AI and Big Data-Empowered Low-Carbon Buildings：Challenges and Prospects[J]. Sustainability，2023，15（16）：12332.

［2］　Greer F，Horvath A. Modular Construction's Capacity to Reduce Embodied Carbon Emissions in California's Housing Sector[J]. Building and Environment，2023，240：110432.

［3］　Bazli M，Ashrafi H，Rajabipour A，et al. 3D Printing for Remote Housing：Benefits and Challenges[J]. Automation in Construction，2023，148：104772.

[4] Bolton R, Cameron L, Kerr N, et al. Seasonal Thermal Energy Storage as a Complementary Technology: Case Study Insights from Denmark and the Netherlands[J]. Journal of Energy Storage, 2023, 73: 109249.

[5] Mckinsey & Company. Net-Zero Heat: Long Duration Energy Storage to Accelerate Energy System Decarbonization [R]. LDES Council, 2022.

[6] Aruta G, Ascione F, Bianco N, et al. Optimizing the Energy Transition of Social Housing to Renewable Nearly Zero-Energy Community: The Goal of Sustainability[J]. Energy and Buildings, 2023, 282: 112798.

[7] New Building Institute. Local Governments Vote Resoundingly for Improved National Energy Codes [EB/OL]. (2019-12-20) [2022-09-20]. https: //newbuildings.org/ local-governments-vote-resoundingly-for-improved-national-energy-codes/.

[8] Yu F, Feng W, Leng J, et al. Review of the US Policies, Codes, and Standards of Zero-Carbon Buildings[J]. Buildings, 2022, 12 (12): 2060.

[9] Pasichnyi O, Wallin J, Levihn F, et al. Energy Performance Certificates: New Opportunities for Data-Enabled Urban Energy Policy Instruments[J]. Energy Policy, 2019, 127: 486-499.

[10] S&P Global. Building Energy Regulations and the Potential Impact on European RMBS [EB/OL]. (2023-09-06) [2024-03-10]. https: //www.spglobal.com/_assets/ documents/ratings/research/101585897.pdf.

[11] Semple S, Jenkins D. Variation of Energy Performance Certificate Assessments in the European Union[J]. Energy Policy, 2020, 137: 111127.

[12] Design Research Unit Wales. Dwelling: Low Carbon Built Environment [R]. Low Carbon Research Institute, 2011.

[13] Tyler Blazer, AIAS/AIA COTE 2010 Research Fellow. Low-Carbon Communities: An Analysis of the State of Low-Carbon Community Design [R]. The American Institute of Architects, 2011.

第6章 低碳居住建筑案例

6.1 国外案例	6.1.1 新建住宅项目	英国贝丁顿社区	千城章嘉公寓
	6.1.2 住宅改造项目	蒙特福德小镇的排房改造	千岁鸟山KoshaHeim
6.2 国内案例	6.2.1 乡村住宅项目	四川彭州大坪村	吐鲁番低碳生土民居示范房
		咸阳荄子村红砖房	栖居3.0
	6.2.2 城市住宅项目	中德生态园被动房推广住宅示范小区	浙江宝业新桥百年住宅项目

　　住房建设作为建筑领域碳排放的重大源头行业，低碳的设计对于应对气候变化、保护生态环境、提高生活质量、促进社会的可持续发展意义重大。西方国家在低碳居住建筑的设计与实践起步较早，并依据自身特点制定了相关技术应用体系，支撑着低碳居住建筑不断向前发展，出现了大量的代表性低碳居住建筑范例。我国自21世纪展开了低碳居住建筑的实践，在吸取各方先进经验的基础上，结合我国城市与乡村的具体情况，从本土化角度出发，不断探索与尝试，逐渐积累了大量的优秀案例，代表着我国的低碳居住建筑建设已经逐渐走向成熟。

6.1.1 新建住宅项目

1）英国贝丁顿社区

（1）基本信息

英国贝丁顿零碳社区（London Beddington Zero Carbon Community）位于伦敦西南萨顿镇，于 2002 年建造完成，由英国著名生态建筑师比尔·邓斯特（Bill Dunster）领导设计。该社区占地 1.7hm²，集住宅、办公和商业功能于一体，包括 99 个住宅单元和近 2400m² 的办公商用面积。根据当地环境与气候，使建筑在被动式技术和主动式技术上实现节能措施的互补，达到绿色低碳和可持续发展。低碳的设计理念贯穿于住区规划、能源运用、建筑细部设计与居民后续使用的全过程，包括可再生能源、高效能源管理和材料循环利用等。此外，其绿色低碳的设计还体现在它所推崇的绿色文化、环境道德和完善的环境管理体制，通过政府、民间组织、企业、社区居民的协同合作，把环境管理纳入社区设计中，在积极推动大众参与社区公共事务的同时，形成可持续发展的微观载体，使得贝丁顿社区成为英国最大的零碳生态社区和规模最大的零能耗发展项目之一（图 6-1）。其低碳设计要点具体体现在社区规划与公共设施、建筑被动式节能设计、能源与资源利用、建造材料选用等方面。

（2）社区规划与公共设施

贝丁顿社区通过采用高密度建筑布局，最大程度减少对土地的占用和对绿地的破坏，缩短居民出行距离，从而降低碳排放量。社区内办公区域为居民提供就业机会，能够步行或骑自行车前往，减少私家车的使用，减少了交通出行碳排放。社区提供咖啡厅、商业、儿童游乐设施、保健中心等公共场所，确保社区内有持续供应的蔬菜、水果和生活用品，减少了居民为购买必需品而不

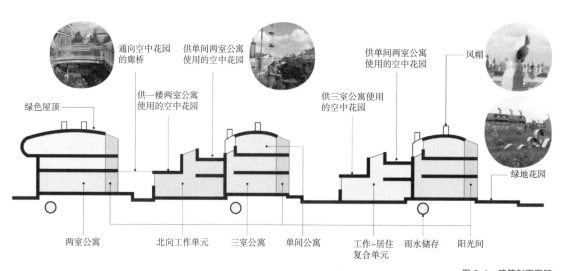

图 6-1　建筑剖面图解
图片来源：编写组自绘.

得不出行的情况。此外，社区提供了宽敞的自行车库、自行车道和开放的电动车充电站，鼓励绿色低碳出行，并配有节能照明设备。大力推行"绿色交通计划"，提倡居民步行、骑车和使用公共交通，减少对私家车的依赖。

（3）建筑被动式节能设计

贝丁顿零碳社区在建筑朝向、细部构造、屋顶花园、建筑通风等方面采用了建筑被动式节能设计。

①建筑朝向与细部构造

贝丁顿社区所有住宅均朝南，以充分利用阳光，并配备双层低辐射真空玻璃的阳光房，改善了建筑的自然通风效果（图6-2）。阳光房的高气密性窗户能够自由开合，冬季关闭窗户可储存热能提高室内温度（图6-3），夏季打开窗户有助于通风散热（图6-4）。房间之间的错落关系能够使阳光房最大程度获得太阳能，减少寒冷天气时的主动供热造成的能耗和碳排放。建筑平面尽可能紧凑相邻，减少建筑体形系数，外墙采用300mm厚的岩棉保温层，提高建筑保温性能。屋顶设置太阳能板，屋顶之间的错动关系可以最大限度地获得太阳能。

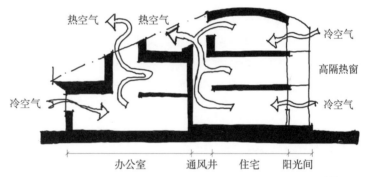

图6-2 建筑通风原理示意图
图片来源：编写组自绘.

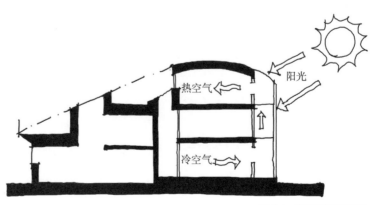

图6-3 阳光房原理示意图——冬季
图片来源：编写组自绘.

135

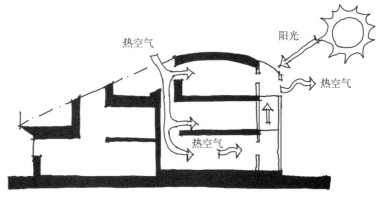

图 6-4　阳光房原理示意图——夏季
图片来源：编写组自绘.

②屋顶花园

屋顶上方留有种植场地，鼓励居民种植半肉质植物，既具有景观的价值又同时达到碳汇的作用。种植屋面有利于室内温度的自然调节，植物和土壤在冬季起到存储热量和保温、防止热量流失的作用，在夏季则美化了环境，并利用植物的蒸腾作用实现微气候环境的降温（图6-5）。

图 6-5　屋顶花园及风帽实景
图片来源：栗德祥.欧洲城市生态建设考察实录[M].
北京：中国建筑工业出版社，2011.

③建筑通风

建筑屋顶上设计了凸起可见的屋顶风帽装置（图6-6）。风帽利用风压输送新鲜空气，排出室内被污染的空气，同时空气进出管道间的塑料薄膜可以实现热量交换，从废气中回收热量对新鲜空气加热，减少对机械供暖的

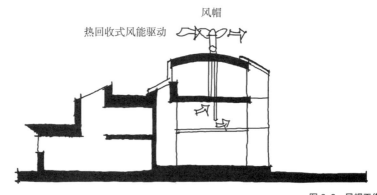

图 6-6　风帽工作示意图
图片来源：编写组自绘.

依赖。实验表明,70%的通风热损失可以在此热交换过程中挽回。屋顶的风动换气系统利用热交换原理,使得在空气流通时可保持50%~70%的空气湿度。

(4)能源与资源利用

①太阳能利用

所有住宅建筑屋顶均安装了太阳能光伏板,将太阳能转化为电能(图6-7)。屋顶采用退台形式,坡度取决于该地区太阳高度角,相互错动避免遮挡,以最大限度接收太阳能。光伏板总面积达到700m²以上,峰值电量超过每小时100kW,转化的电能可供电动汽车充电以及公共照明等设备设施使用。

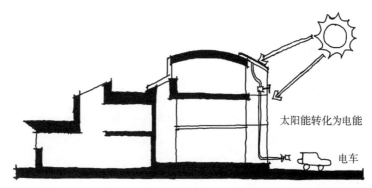

图 6-7　太阳能利用示意图
图片来源:编写组自绘.

②生物质能利用

项目所在地冬季漫长寒冷,因此冬季供暖是低碳与节能的重点。除了充分利用太阳能外,社区内还建立了小型生物质热电联产系统(Bio-Fuelled Combined Heat and Power,CHP),利用技术装置为居民提供电力和热水,也为住宅提供供暖系统加热(图6-8)。

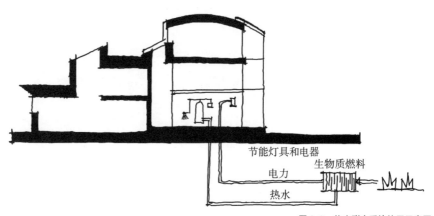

图 6-8　热电联产系统使用示意图
图片来源:编写组自绘.

CHP 系统以碎木材片为燃料，取自附近地区快速生长林的木材供应和木材废弃物，经过全封闭系统中的碳化过程，释放热量并产生电能。系统产生的热水通过保温管道输送至每户的热水罐中，满足居民冬季取暖的需求。据测算，CHP 系统每年需要大约 1000t 以上的木材，社区预留了 70hm² 森林种植三年生的速生林以供系统使用。树木在生长过程还具有碳汇作用，是一种清洁可再生的生物质能，因此，从其种植到 CHP 系统燃烧全过程的净碳释放为零。

③水资源利用

社区除了从源头有效收集雨水外，还采取有效利用废水、设置节能家居等多种节水措施，使整个水资源能够充分利用和循环（图 6-9）。

社区设置了污水处理系统和雨水收集系统。污水处理系统负责收集居民日常生活中产生的污水废水，通过净化实现污水的综合利用。雨水收集系统通过屋顶上的汇水管收集雨水，将水引入到由集雨模块拼装的水池中，再利用水泵将雨水泵送到一个小型储水箱中，经净化后可用于冲洗马桶。室外停车场采用透水砖和景观化的排水渠，使雨水能够渗透进入土层中。

社区安装了小型生物污水处理设备，能够提取污水中的养分，可以用作居民屋顶种植的肥料。冲厕废水经过生化处理后，一部分在湿地中再进行资源回收，另一部分重新流入蓄水池中，继续作为冲洗用水。住宅室内采用控制水量的双冲按钮马桶、节水喷头、节水龙头等节能装置，大大降低了对水资源的使用。

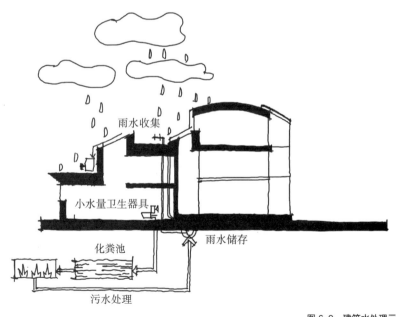

图 6-9　建筑水处理示意图
图片来源：编写组自绘．

（5）建造材料选用

贝丁顿社区在建造过程中采取建材就近选择的原则，尽可能选用从周围的废弃建筑场地回收到的钢材、玻璃以及木材，以减少建材运输造成的碳排放。建筑中95%的结构钢材都来源于35英里内拆除建筑的回收钢材。窗框选用木材，仅这一项就相当于在制造过程中减少了10%以上（约800t）的二氧化碳排放量。

贝丁顿社区作为一个"零碳社区"，在提高人们舒适生活体验的同时，充分考虑了当地的气候和地域特点，虽然也存在着成本过高、部分技术故障、局部效果欠佳等问题，但仍然获得当地居民的普遍认可，这表明低碳目标与舒适宜居是能够兼容的。社区中各项技术的综合运用，从设计到最终实现自给自足的能源系统，彰显了绿色低碳的理念与实践，成为一个可持续发展的典范，为绿色低碳的居住建筑设计提供了有益的经验与启示。

2）干城章嘉公寓

（1）基本信息

干城章嘉公寓（Kanchengunga Apartment Tower）位于印度南部孟买，是一栋高层塔楼式公寓，建于1983年，由印度建筑师查尔斯·柯里亚（Charles Correa）主持。公寓高85m，平面尺寸21m×21m，公寓中有4种户型，为3~6室户，面积1800~4200平方英尺之间，总共32户，每户有一个两层高的露天阳台（图6-10）。

柯里亚于1969年发表了《气候控制论》，提出五个策略要素：围廊、管式空间、中央庭院、跃层阳台、重复单元。他认为"在热带气候的条件下，空间本身也是一种资源"，应将建筑的平面、剖面、体量造型结合在一起综合考虑，将不利的气候条件转变为建筑创作的优势。同时，建筑应对国家和社会面临的城市化、人口增长、用地紧张、低收入住房等问题做出回应。柯里亚将使用建筑本身而非利用其附加构造或机械设备进行节能的理念运用到干城章嘉公寓的设计建造中，并对印度传统地域住宅形式提取凝练，使该公寓既适应孟买当地气候条件又

图6-10 建筑整体形态
图片来源：Charles Correa，Kenneth Frampton. Charles Correa[M]. New York：Thames & Hudson，1997.

回应了居民生活需求，真实践行了其"形式追随气候"的设计理念。

（2）适应地域气候的设计理念

干城章嘉公寓所处的孟买附近的滨海区域，属于热带季风气候，夏季多雨，潮湿闷热，气温最高达44℃，冬季气温一般也在25~30℃，盛行东西风向。干城章嘉公寓的场地为东西朝向，可以获得有利的海风，并且面向良好的景观，但这一朝向同时也面临太阳直射和季风雨水的侵临。

面对这一气候特点，柯里亚提出"中间区域"的设计概念，在建筑的室内居住区域和室外之间创造出一个具有保护作用的区域，起到缓冲空腔的效果，既遮挡午后阳光，阻挡季风的影响，也可以形成穿堂风降低室内温度与湿度。

（3）建筑空间设计

干城章嘉公寓通过"中间区域"与错层来消除湿热气候对居住的负面影响。建筑由于错层形成四种户型（图6-11），A、B、C、D四种户型的数量比值为5：5：4：2。A/C户型一进门就可见通往上层的楼梯，面朝西边的房间共四间，此户型东面有一个两层的花园阳台，阳台上层的空间有小阳台向花园开放。B户型楼梯在每户入口处，向下走半层到达位于西南方向的房间，向上走半层到达位于西北方向的房间。D户型楼上有三个卧室，其中，两个卧室处于东向，一个卧室位于西向，还有一个卧室位于楼下，与阳台同

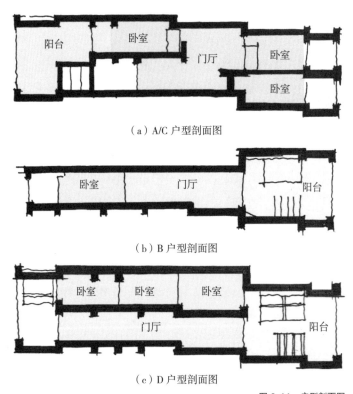

（a）A/C户型剖面图

（b）B户型剖面图

（c）D户型剖面图

图6-11 户型剖面图
图片来源：编写组自绘．

140

一标高。B 与 D 户型的阳台都要通过起居室且下几步台阶才能到达。花园阳台两层通高，起到了缓冲空间的作用。

（4）被动式节能设计

干城章嘉公寓的被动式节能设计主要体现在建筑的自然通风、遮阳与花园阳台。

①自然通风

柯里亚提出的有利于通风的管式住宅原型（Tube House），是一种狭长形状的住宅模式（图 6-12），进深长度是开间的数倍，管式住宅把烟囱拔风原理运用到建筑剖面设计中，热空气顺着倾斜的顶棚上升，并从顶部通风口排出，新鲜空气则从立面门窗被吸入，形成自然通风循环体系。同时，入口大门旁边可调节百叶窗，也可用来控制调节改变进入室内的空气量。

干城章嘉公寓运用了管式住宅自然通风的模式，通过室内设置台阶、楼梯的高差处理，形成错层的楼板和像漏斗或管道一样的空间，使室内热空气沿着屋顶上升再进入临边一侧的阳台花园，顺着阳台花园排出建筑的同时引入室外冷空气，形成完整的通风系统。开放式平面布置使空间布局较为灵活，减少室内隔墙对风的阻挡，双层高度的起居室也能起到垂直拔风作用（图 6-13）。

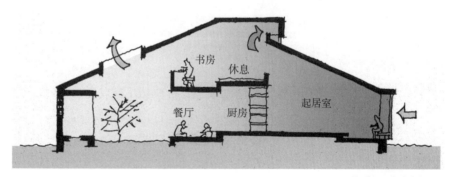

图 6-12 管式住宅原型
图片来源：编写组自绘.

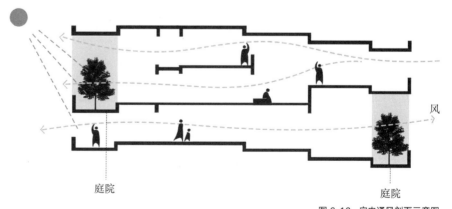

图 6-13 室内通风剖面示意图
图片来源：编写组自绘.

建筑中的通风口分为三种：楼电梯间、窗洞口与阳台花园，根据这三种通风口的组合又形成三种通风方式：单面通风、对流通风、利用中央中庭拔风通风。第一种是单面通风，在建筑的一侧开设窗洞口进行空气流通，这种是效率最低的通风方式。第二种是对流通风，在建筑的对侧开设窗洞口，形成通过建筑的穿堂风进行换气，公寓中两层高的室外阳台花园与其对侧的窗洞口或阳台形成对流通风，是改善风环境的主要措施。第三种是利用中央中庭（楼、电梯）的烟囱效应拔风换气，与中庭周围的建筑室内形成通风（图6-14）。

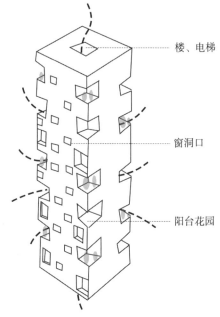

楼、电梯

窗洞口

阳台花园

图 6-14　建筑通风示意图
图片来源：编写组自绘．

②遮阳

干城章嘉公寓为东西朝向，受到大量的太阳直射，不利于建筑的热环境。单层的露台花园受阳光直射时间比两层通高花园受阳光直射时间更短，在花园进深不变的条件下，花园的高度越高，通风面越大，但室内受阳光直射的时间越长。因此，通过加大两层通高花园的进深，减少太阳直射到花园内的面积与花园阳台总面积的比值，使得人们可使用更多室外阴凉空间（图6-15）。在干城章嘉公寓中，通高的花园比单层花园的进深更大。此外，花园屋顶外侧设翻梁结构，使得花园区域上方楼板更加整洁，也为花园种植带来更多便利（图6-16）。

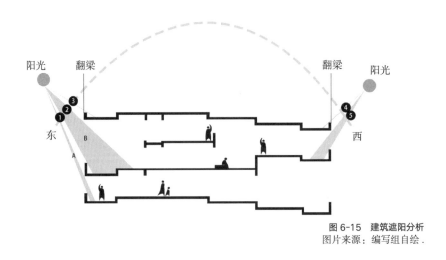

图 6-15　建筑遮阳分析
图片来源：编写组自绘．

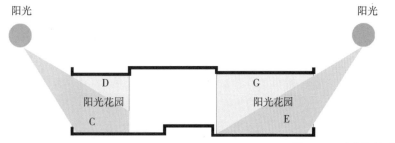

阳光　　　　　　　　　　　　　　　　　阳光

D　　　　　　　　　　　　　G
阳光花园　　　　　　　　　阳光花园
C　　　　　　　　　　　　　E

图 6-16　阳台花园遮阳分析
图片来源：编写组自绘.

③花园阳台

阳台花园作为建筑室内外的过渡空间，不仅可以起到遮风挡雨的作用，同时，花园中的植物可将进入室内的热空气进行自然冷却，并起到吸收二氧化碳的作用。在炎热的孟买，花园阳台也作为每户住宅的主要生活起居空间，尤其是炎热夏季的清晨和晚上，大部分居民把它当作居室或卧室使用，

图 6-17　两层通高阳台花园实景
图片来源：Charles Correa，Kenneth Frampton. Charles Correa[M]. New York：Thames & Hudson. 1997.

如同传统住宅中的庭院，既凉爽又随意，为人们提供了一个较为私密的室外空间，符合当地人的需求和生活习惯（图 6-17）。

干城章嘉公寓个性的造型和丰富的内部空间回应了当地的气候条件，与绿色低碳的设计目标密切相关，契合了"形式追随气候"的设计理念，是湿热地区绿色低碳高层住宅的典型案例，为相关地区的居住建筑设计提供了经验与借鉴。

6.1.2　住宅改造项目

1）蒙特福德小镇的排房改造

（1）基本信息

位于荷兰的蒙特福德（Montfoort）小镇建于 1976 年，建造初期价格低廉，仅能提供基本的生活空间（图 6-18）。但随着社会经济的发展，这些住宅逐渐难以适应人们对宜居品质的要求，面临着改造更新的问题。建筑师从建筑全生命周期的角度出发，考虑到拆除再新建会导致更大的碳排放，因此，选择了改建的建筑策略以降低能源消耗，通过增强建筑采光和通风性能，为居民提供更为健康和舒适的室内环境，减少建筑使用能耗，同时为居民提供更多的生活空间。

蒙特福德小镇的排房改造提出了可持续改造的概念，主要集中在建筑形式与空间改造、建筑材料使用以及建筑能源利用三个方面。

（2）建筑形式与空间改造

为了满足住户对室内空气质量和采光的需求，改造重点放在了建筑对阳光的利用和自然通风的改善

图 6-18　蒙特福德小镇排房外观
图片来源：VELUX 威卢克斯.

上。每个住宅的顶部阁楼都进行了扩建（图 6-19），改善了原本阁楼因层高不足仅作为储藏间使用的问题，使其可以作为卧室或工作室使用。扩建的阁楼可以通过楼梯间进入，宽敞的楼梯间不仅使处于建筑中部的空间获得更多的光照，还加强了建筑自然通风的能力。夏天，楼梯间通过烟囱效应使建筑散热（图 6-20）。冬天，通过机械通风使室内空气流动。屋顶上的阁楼空间为整个住宅提供了更多的空间、空气和阳光。阁楼的斜向屋顶上开设天窗，与原来二楼的立面窗户相连接（图 6-21），给予了建筑更大的采光面，在荷兰寒冷的冬季起到了住宅阳光房的作用，也使室内空间与室外环境自然融合。当地人们评价其"与邻街住宅的最大不同在于它们拓展了房顶阳台，使每一平方厘米的空间都能享受到阳光。"

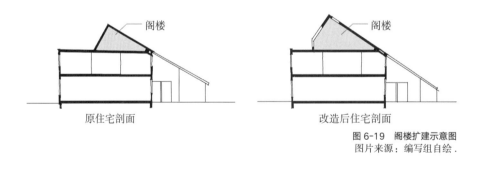

原住宅剖面　　　　　　　　　　　改造后住宅剖面

图 6-19　阁楼扩建示意图
图片来源：编写组自绘.

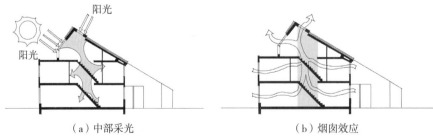

（a）中部采光　　　　　　　　（b）烟囱效应

图 6-20　建筑中部改造
图片来源：编写组自绘.

144

图 6-21　阁楼天窗设计　　　　　　　　　　　　　　图 6-22　阁楼室内图
图片来源：VELUX 威卢克斯.　　　　　　　　　　　图片来源：VELUX 威卢克斯.

（3）建筑材料使用

被改造的 10 所住宅属于社会保障性住宅，根据荷兰政府要求，此类建筑要从外观上看起来一致，因此，住宅的外立面采用了和原来色彩相似的砖砌面层和黑色护墙板。新增的砖墙厚度只有过去的一半，使得墙身空腔形成了热绝缘空间，减少了建筑的热损失。原有的铝框窗替换为木框三层玻璃窗，进一步增强隔热效果。地板下方安装了保温材料，确保地板底部的保温。住宅室内过去的墙面是吸收光线的石膏灰泥，老旧的灰泥墙阻碍了阳光在室内的漫反射。改造后室内的白色墙面和天花板材料可以反射从窗户透过的阳光，使室内更加明亮（图 6-22）。楼梯旁增设一堵白墙，利用墙体反光将阳光引入卧室。

（4）建筑能源利用

改造同时采用了被动式和主动式两种太阳能利用方式，充分利用太阳能为建筑供能，最终使住宅的能源利用等级达到 A++ 标准，改造前后能效雷达图与对比图如下（图 6-23）。

①被动式太阳能利用

为了最大限度地利用阳光，阁楼尽可能地设置大面积天窗，增加了建筑的采光面积，结合宽敞的楼梯间，确保了阳光在任何时刻都能自然地渗入建筑内部，尤其是在冬季起到阳光间的作用，从而减少了对人工照明和冬季供暖的依赖，降低了常规能源的消耗。

②主动式太阳能利用

建筑改造时配备了地源热泵、太阳能光伏板和太阳能集热板。西向的屋顶安装 21m² 的太阳能光伏板用于提供电能，东向的屋顶安装太阳能集热板用于供应热水（图 6-24），通过光电和光热转换，实现对太阳能的利用，显著降低了建筑的能耗。建筑采用地源热泵技术，这是一种高效节能的空调技术，通过地球表面浅层水源（如地下水、河流和湖泊）和土壤中吸收的太阳能和地热能，采用热泵原理，实现冬季供热和夏季制冷（图 6-25）。太阳能光伏板转化的电能为地源热泵的外部缓冲水箱提供电力供应（图 6-26）。所有重要的

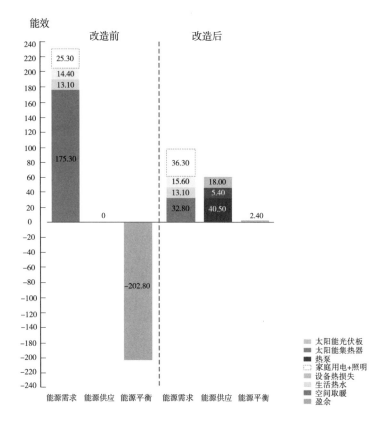

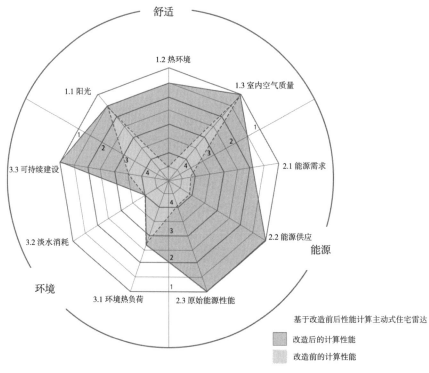

基于改造前后性能计算主动式住宅雷达

改造后的计算性能

改造前的计算性能

图 6-23 改造前后能效雷达图与对比图
图片来源：编写组自绘.

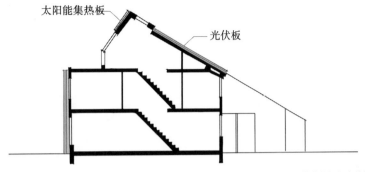

图 6-24 太阳能集热板与光伏板示意图
图片来源：编写组自绘．

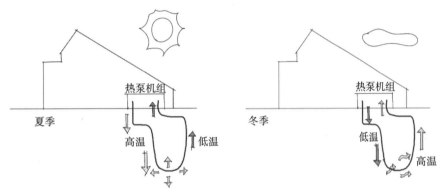

图 6-25 地源热泵工作原理示意图
图片来源：编写组自绘．

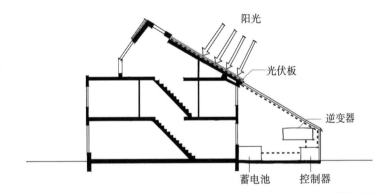

图 6-26 光伏板工作原理示意图
图片来源：编写组自绘．

机械设备，都放置在原来居民生活空间的杂物房内（图 6-27）。这些措施的采用显著降低了建筑的能耗，实现了对太阳能的充分利用和节能减排。

　　蒙特福德小镇的改造主要包含阳光、空气和空间三个方面的内容。楼梯的光线设计、室内空气质量的改善、屋顶阁楼的扩建及建筑材料的使用均着重体现了建筑的舒适性、宜居性以及健康环境与节能低碳环保之间的关系（图 6-28），在改造时除了关注降低能源消耗和运营成本外，也更加关注人体的舒适性，为居住建筑的低碳改造做出了大胆的尝试和实践。

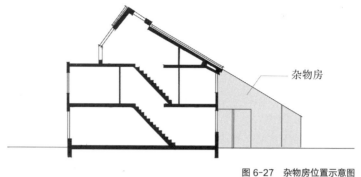

图 6-27　杂物房位置示意图
图片来源：编写组自绘.

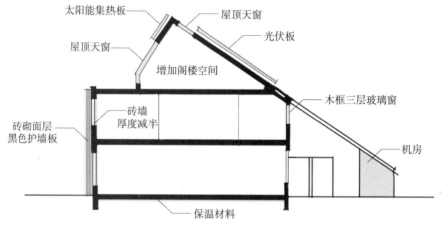

图 6-28　住宅改建策略示意图
图片来源：编写组自绘.

2）千岁鸟山 KoshaHeim

（1）基本信息

鸟山住宅于 1956 年由 JKK 东京建成，位于京王线上距千岁鸟山站 5min 步行距离的地段。其中的 8 号楼住宅运用建筑改造的手法使建筑得以再生，对于既有住宅今后的再生意义重大。

2010 年，首都大学东京本部与东京市政府为了解决城市相关课题而开始设立共同研究项目，并以 JKK 东京在世田谷区的鸟山住宅 8 号楼的住宅楼更新样板作为开始。该项目是对正在进行全面重建的住宅小区内的一栋住宅进行改造，由首都大学东京本部青木茂研究室和东京住宅供给协会合作完成。项目最终对 8 号楼建筑增建了"电梯""钢结构室外走廊""一层入口大厅"，使得建筑的公共部分焕然一新。改造进行了富于变化的平面、剖面设计，设置电梯与电梯厅，设计出设备间墙壁、设备空间，减少建筑更新的难度，延长建筑寿命。

鸟山住宅 8 号楼的改造更新主要从建筑延寿与空间品质提升两方面进行。

（2）建筑延寿

①结构主体与围护结构提升

8 号楼的改造建设手法是将建筑的主体结构部分予以保留再进行施工。保留建筑的主体结构，拆除建筑外围护结构中的窗框、扶手、阳台混凝土隔墙、部分混凝土外墙、混凝土屋面板、混凝土楼梯、混凝土飘窗、混凝土给水箱、外墙面水泥等，减轻建筑的重量（图 6-29），以及拆除建筑室内的内墙水泥、混凝土内墙以及内部装修，进而在室外局部新设混凝土墙，在室内新设混凝土加固墙，用水泥加固室内混凝土墙壁，并使用碳纤维混凝土进行加固（图 6-30）。保留结构主体、部分拆除和局部加固的方式，比起新建建筑可以减少成本，并且降低碳排放，是当下既有居住建筑改造的一种有效途径。

②管线设备提升

在靠近室外公共走廊一侧的住宅套型内部设计出设备间墙壁、设备空间，整合住宅楼内的设备与管线，使得后期的建筑更新更加容易，并可以延长建筑的寿命（图 6-31）。

（3）空间品质提升

①入口大厅扩建

项目新设入口大厅，新增电梯的同时也扩建出电梯厅和贯穿南北方向的入口空间（图 6-32a）。为了保障居住的安全性，在出入口安装了自动锁闭门。此外，还设计了一间与住房面积相近的公共大厅，供居住在楼内的住户们在此互相交流，邻里互动的场所就随之产生。同时，在项目地块的东南角，设计了与公共大厅空间连续且宽阔的广场，可以作为居民们核心的交流区域。

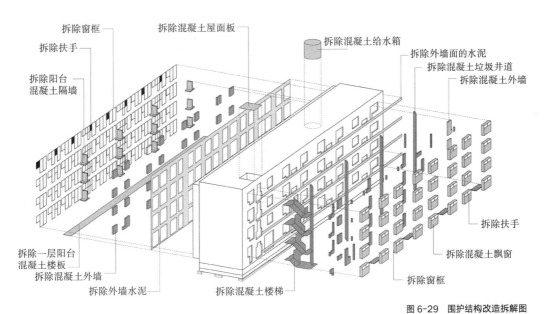

图 6-29　围护结构改造拆解图

图片来源：改绘自青木茂. 美好再生：长寿命建筑改造术 [M]. 予舒筑，译. 北京：中国建筑工业出版社，2019.

②平面构成多样化

原有建筑由 8 套 30m² 的住房构成，改造后设计出了多样化的平面构成，使建筑本身能够接纳各种类型与年龄的住户，满足了 8 号楼作为出租型住宅的多元化住户需求，也有助于激发各个年代的住户之间的交流，增加了建筑的吸引力（图 6-32b、c）。同时，改造设计在结构上空间充裕的开间方向的界墙上开口，利用原有建筑的楼梯间做成复式户型，从而产生各种尺寸的户型，实现平面构成多样化。

③剖面富于变化

原有建筑的层高是 2.6m，空间偏低。改造设计将一层的楼板下沉，并按照复式户型的设想使上下都变为宽敞的空间，并将楼梯间置入住户内，最终形成在新建方案中都难以实现的、独特的空间构成（图 6-33）。

④增设电梯、外部走廊

在建筑北侧增设钢结构单侧走廊，增加了住户间相互联系的通道，也增加了建筑的安全感。在大厅位置新增电梯，满足了无障碍出行的要求。

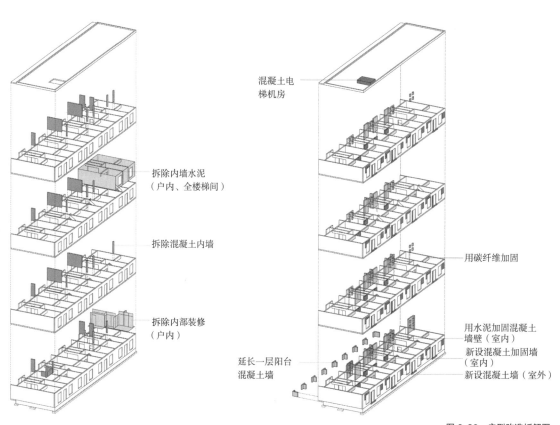

图 6-30 户型改造拆解图

图片来源：改绘自青木茂 . 美好再生：长寿命建筑改造术 [M]. 予舒筑，译 . 北京：中国建筑工业出版社，2019.

设备间墙体
原有结构体
新设结构体/增加浇筑水泥
新设置干式墙壁

图 6-31　户型改造示意图

图片来源：改绘自青木茂.美好再生：长寿命建筑改造术 [M].予舒筑，译.北京：中国建筑工业出版社，2019.

（a）电梯北侧入口外观　　　（b）改造前的室内空间　　　（c）改造后的室内空间

图 6-32　住宅室内改造效果

图片来源：青木茂.美好再生：长寿命建筑改造术 [M].予舒筑，译.北京：中国建筑工业出版社，2019.

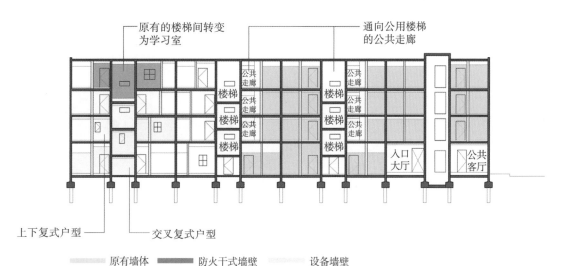

原有墙体　　防火干式墙壁　　设备墙壁

图 6-33　建筑剖面改造示意图

图片来源：改绘自青木茂.美好再生：长寿命建筑改造术 [M].予舒筑，译.北京：中国建筑工业出版社，2019.

6.2.1 乡村住宅项目

1）四川彭州大坪村

（1）基本信息

本项目是为灾区居民而开展的一项生态民居设计研究课题，由北京地球村环境中心组织，绿色建筑全国重点实验室绿建基础研究中心研究创作并实施。

汶川 5·12 大地震发生后，四川彭州大坪村除整体村寨自然环境基本保留完整外，单体房屋均破坏严重，无法继续居住。为了帮助大坪村居民原址重建家园，对大坪村 44 户民居进行整体原地易址重建，以提高大坪村居民的生活品质，使建筑更加有机地融入自然环境，营造具有绿色生态理念与现代生活气息、乐和而诗意栖居的"乐和家园"，并为全村乃至其他更多村落中的居民提供一种恢复重建的理想示范。

（2）聚落布局

大坪村是在自然力长期作用下产生的特殊的线性"飘积"聚落形态。灾后原址重建的规划中摒弃了行列式集中布局的规划方法，引申"生态飘积"原理用于新民居规划。以大坪村十队、十一队的谢家坪聚落为例（图 6-34），将新民居选址在自家原有民居附近的平整地带，顺应自然力作用，按照山体山势，布局于山路两侧。这种选址和布局方式，不仅有利于抗震，还体现了传统民居中建筑与自然和谐共处的生态理念，同时避免了集中式布局带来的污水、污染物集中处理的生态难题。

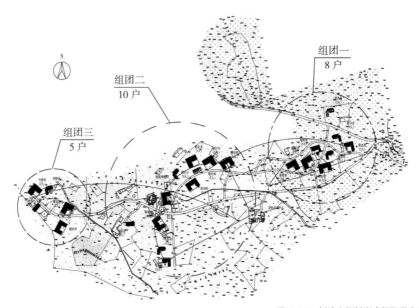

图 6-34 新建大坪村谢家坪聚落布局
图片来源：绿色建筑全国重点实验室绿建基础研究中心.

（3）建筑低碳设计

①围护结构设计

设计依然采用土－木结构，木板竹篱敷土墙。为了改善传统墙体的冬季保温性能，将墙体改进为夹聚苯板的保温墙。同时，选用密闭性良好的木窗。

在建筑外观、内部空间分布和功能不变的情况下，分别采用不同的外围护结构、屋面构造方法，运用DOE2.1E对新民居方案进行模拟。通过分析比较五种不同构造措施的热环境特性，选择室内热环境最佳的建筑围护结构的构造方法。

②采光设计

新方案设计中除满足光环境舒适性要求外，为节约照明能耗，降低了房间的开间和进深，且增加了开窗，所以取得了比旧民居更好的采光环境。

③自然通风组织

门窗设计考虑了夏季自然通风，在平面布局上有利于利用室外风压形成穿堂风，在堂屋空间组织上有利于形成竖向热压对流（图6-35），适宜于大坪村夏季湿度较高的气候特点。并在堂屋顶棚、卧室前廊顶棚、卧室吊顶等处预留通风口（图6-36）。冬季关闭通风口，保持室内温度；夏季打开通风口，室内外空气流通。

④夏季遮阳设计

立面设计中采用挑檐（图6-37）来解决夏季遮阳问题，一般出挑水平长度在2m以上，有的达到2.5m。出挑长度主要取决于挑檐对室内光线的遮挡及屋顶的高度。

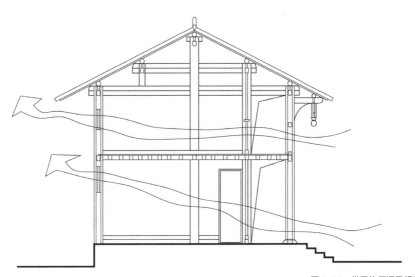

图6-35 堂屋热压通风组织
图片来源：绿色建筑全国重点实验室绿建基础研究中心.

153

（a）堂屋顶棚通风口　　　　　（b）卧室前廊顶棚通风口　　　　（c）卧室吊顶通风口

图 6-36　预留通风口
图片来源：绿色建筑全国重点实验室绿建基础研究中心．

（a）堂屋外廊挑檐　　　　　　　　　　（b）卧室外廊挑檐

图 6-37　建筑挑檐解决夏季遮阳
图片来源：绿色建筑全国重点实验室绿建基础研究中心．

（4）低碳建筑材料选用

当地盛产的竹木被居民广泛用于墙体围护构造。但是竹笆墙体较薄，且保温隔声效果较差。在设计中将土、竹结合起来使用，即在竹篱上抹土作围护墙。此种墙体操作简单，居民可根据自己的喜好在其上制作图案。竹篱上抹土作为隔墙，可有效提高房间保温、隔声效果，减少建造成本，降低二氧化碳排放量，有效保护大坪村地区生态环境，实现人与环境的可持续发展。

（5）可再生能源利用

当地盛产黄连的植物秸秆，以及每户村民均饲养的牲畜的粪便，可作为沼气原料，为村民提供部分炊事能源，也可为照明、用热等提供方便。设计中将猪圈、旱厕、沼气池一体化设计。

正房中采用了直接式和附加阳光间（图 6-38）等被动式太阳能利用技术，最大限度地利用太阳能，有效地改善冬季室内热环境，减少对自然林木的砍伐。考虑到阳光间会增加房屋造价，可以在居住者经济条件改善后随时加建。

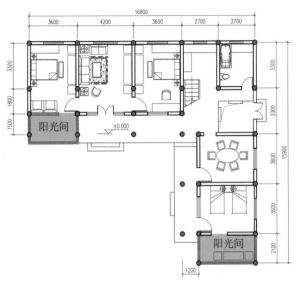

（a）平面图

（b）效果图

图6-38 新民居附加阳光间
图片来源：绿色建筑全国重点实验室绿建基础研究中心．

　　通过采取节能器具，如节能灶的推广与应用，以及开发利用可再生能源，如太阳能、沼气等，降低村民生活中的能源消耗成本。

2）吐鲁番低碳生土民居示范房

（1）基本信息

　　吐鲁番低碳生土民居示范房由西安建筑科技大学零能零碳建筑团队设计，位于新疆维吾尔自治区吐鲁番市亚尔乡英买里村，于2021年建造完成。生土民居示范房总建筑面积为200.1m²，总体积为485.49m³，体形系数为0.713（图6-39）。该示范房验证了此类建筑特征可以有效削弱太阳辐射和高温空气对室内热环境的影响，调

图6-39 项目外观
图片来源：西安建筑科技大学零能零碳建筑团队．

节室内湿环境，实现夏季防热、降温、增湿的设计目标，为我国西北干热地区的低能耗、绿色新民居建筑设计提供借鉴。

（2）干热气候条件与建筑适应原型研究

　　基于对气候特征的量化分析结果，结合传统民居建筑研究著作和建筑实

例，提取干热气候地区的传统民居建筑中适应气候的建筑形式特征、建筑构造特征、建筑使用模式特征等，构建包含设计原则 – 设计策略 – 建筑特征等层级的传统民居的干热气候适应原型图谱，这一图谱反映了传统民居的干热气候适应原型分析框架的逻辑性和有序性（表 6-1）。

传统民居的干热气候适应原型图谱　　　　　　　　　　　　表 6-1

设计原则	设计策略	建筑形式特征 / 建筑构造特征 / 建筑使用模式特征							
防热	减少太阳辐射得热	O 形、U 形、L 形紧凑平面布局			地下空间	半地下	外廊	双侧外廊	围廊
		阿以旺（开攀斯）	小天井	高棚架	屋顶棚架	小高窗	小天窗	深窗洞口	
	减少热风侵袭得热	O 形平面	小高窗	小天窗	阿以旺（开攀斯）	小天井	庭院绿植		
	减少墙体传导得热	O 形、U 形、L 形紧凑平面布局		厚重生土围护结构		地下空间	半地下		
降温	增加空气对流散热	阿以旺（开攀斯）	阿克赛乃	内庭院	小天井	廊厨	飞厨		
	利用蒸发冷却降温	庭院绿植	引水入院						
增湿	利用生土材料调湿	厚重生土围护结构	地下空间	半地下					
	利用植物蒸腾增湿	庭院绿植	绿化藤架						
	利用水体蒸发增湿	引水入院							

表格来源：西安建筑科技大学零能零碳建筑团队 .

在提取干热气候地区的传统民居建筑特征和构建气候适应原型图谱时可以发现，阿克赛乃、阿以旺式的建筑空间、建筑外廊和生土围护结构等原型特征是普遍存在于该地区传统民居中的典型建筑特征（图6-40、图6-41）。将提取出的传统民居的干热气候适应原型特征作为设计参考，充分考虑当地居民使用习惯和实际需求，建设生土民居示范房作为工程实例，以验证传统民居气候适应原型用于指导新民居建筑设计的可靠性。

（3）建筑的气候适应性设计

①建筑形式

建筑形体方正紧凑，设有局部二层和半地下室。主体建筑东侧以钢框架为基础搭建葡萄藤高棚架作为半室外空间，因其相对外廊更为开敞的形式，其深高比取1.20，以便更好地遮阳。仅在起居室的东南向立面开竖向长窗以满足采光需求，其余房间仅开小窗。一层屋顶开小平天窗，二层晾房内设通风井，开口尺寸均为600mm×600mm（图6-42）。

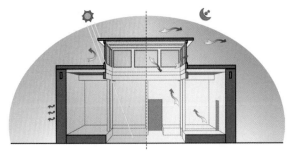

图6-40　阿以旺（开攀斯）夏季运行模式示意图
图片来源：西安建筑科技大学零能零碳建筑团队.

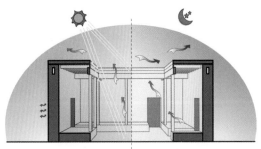

图6-41　阿克赛乃、内庭院夏季运行模式示意图
图片来源：西安建筑科技大学零能零碳建筑团队.

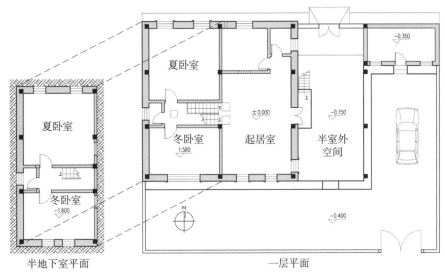

半地下室平面　　　　　　　一层平面

图6-42　示范房平面图
图片来源：西安建筑科技大学零能零碳建筑团队.

②建筑构造

厚重生土围护结构，外墙为500mm厚土坯砌块。为减少对使用空间的侵占，内墙选用200mm厚土坯砌块，故地面层墙体占地面积比较小，约为0.22m²；屋面为200mm厚草层及200mm厚覆土层。窗户类型为断桥铝合金双层中空玻璃窗，门均为实木门。

③空间使用模式

建筑中卧室按照南北朝向、开窗大小和半地下、地上分别设为冬卧室和夏卧室，根据房间环境灵活使用。二层设花格墙和葡萄晾房，除作装饰和实际功用外，还可起到一定的遮阳效果。

基于以上的建筑形式、建筑构造以及空间使用模式特征，示范房形成了夏冬两季、日间夜间各不相同的运行模式（图6-43）。夏季日间，门窗关闭，封闭的围护结构阻挡了太阳辐射进入室内，延迟了高温空气对室内热环境的影响，并通过通风井利用半地下室的冷量达到降温目的；夏季夜间，门窗打开，加强空气对流，同时利用平天窗和通风井的"烟囱效应"来实现自然通风和热压通风散热降温。冬季日间，南向卧室和起居室利用大面积玻璃窗作为直接受益式太阳能供暖，生土墙体作为蓄热体积蓄热量；冬季夜间，蓄热体释放热量，减少室内空气温度波动。

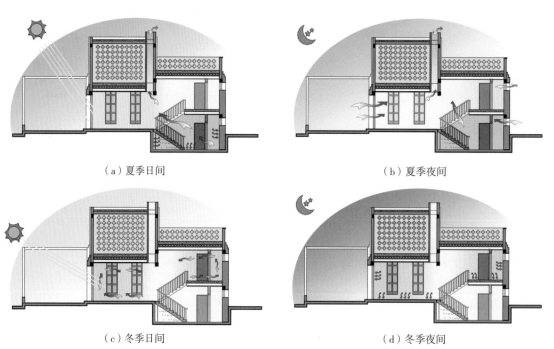

（a）夏季日间　　　　　　　　　　　（b）夏季夜间

（c）冬季日间　　　　　　　　　　　（d）冬季夜间

图6-43　示范房运行模式示意图
图片来源：西安建筑科技大学零能零碳建筑团队.

3）咸阳莪子村红砖房

（1）基本信息

咸阳莪子村红砖房项目位于陕西省咸阳市莪子村，地势平坦，宅基地南北长35.1m，东西长9m，南侧紧邻村道与大片农田，东、西、北侧均为既有民居与待建宅基地。

咸阳莪子村红砖房借鉴当地传统民居窄厅方屋的空间模式与"闷顶"、共墙、硬山排水等技术原型，融入阳光间、采光通风井、墙体内保温、太阳能光伏发电、三格式化粪池的现代通用技术，利用当地匠人、传统材料与工艺，建造低成本、符合本土文化并适应现代居住需求的关中新民居。

（2）建筑降碳设计

①低碳建造

建筑布局与形体控制延续关中地区传统民居窄厅方屋的空间形制和坡屋顶形式（图6-44）。房屋的木屋架采用旧屋老木料搭建而成，材料性能稳定，结构外露，与红砖相得益彰。同时，为防止红砖饰面被雨水侵蚀或出现反碱现象，施工增加清水砖墙面层，涂刷真石漆面漆工艺；为防止冬季雨雪冻融导致红砖开裂破损，砖砌院墙、屋脊顶部增加涂抹水泥砂浆面层工艺，弥补了传统材料与工艺的缺陷。

图6-44 建筑布局与形体控制
图片来源：西安建筑科技大学陕西高校青年创新团队"西北地域绿色建筑研究创新团队".

②自然采光与通风

窄厅南北贯通，有利于形成风压通风；平面居中的厨房、窄厅、卫生间上空设置三组通高空间，有利于形成热压通风，加强空气流通，改善大进深民居室内空气质量（图6-45）。

正房南向设置大面积开窗和高侧窗，结合屋面挑檐，提高室内照度，同时可避免夏季的太阳辐射；居中的厨房、窄厅、卫生间上空设置的三组通高空间，可利用天窗自然采光，改善了传统民居此类服务功能"黑空间"的问题（图6-46、图6-47）。

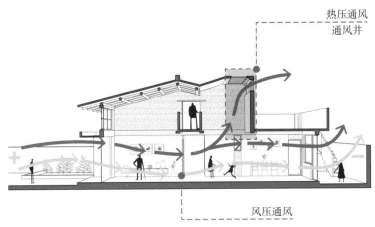

热压通风
通风井

风压通风

图 6-45　通风分析
图片来源：西安建筑科技大学陕西高校青年创新团队"西北地域绿色建筑研究创新团队".

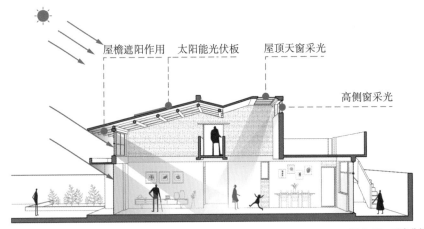

屋檐遮阳作用　太阳能光伏板　屋顶天窗采光

高侧窗采光

图 6-46　采光分析
图片来源：西安建筑科技大学陕西高校青年创新团队"西北地域绿色建筑研究创新团队".

图 6-47　项目室内照片
图片来源：西安建筑科技大学陕西高校青年创新团队"西北地域绿色建筑研究创新团队".

③保温与隔热

采用被动式阳光房设计，毗邻一层南向卧室设置被动式阳光间，对起居厅的温度变化起到缓冲作用。二层阁楼延续传统民居闷顶的空间形式，四季可作为储藏和自由空间，冬夏两季可作为气候缓冲层，对一层卧室、起居厅等主要生活活动空间起到保温隔热作用（图 6-48、图 6-49）。房屋外墙均采用墙体内保温技术，保温隔热的同时，实现了室外清水砖墙的工艺效果。

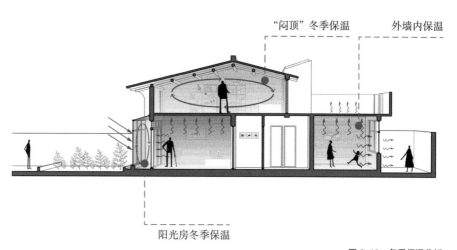

图 6-48　冬季保温分析
图片来源：西安建筑科技大学陕西高校青年创新团队"西北地域绿色建筑研究创新团队"．

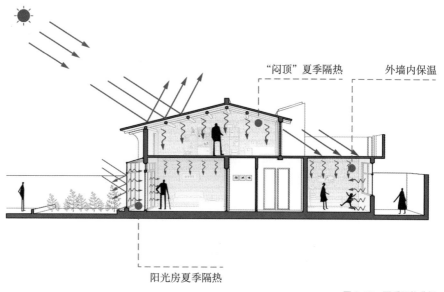

图 6-49　夏季隔热分析
图片来源：西安建筑科技大学陕西高校青年创新团队"西北地域绿色建筑研究创新团队"．

（3）能源与资源利用

南向屋面设置 10 块太阳能光伏板，实现太阳能光伏发电。项目入口、前院和后院分别设置路面雨水收集系统和集水坑，污水处理采用现代三格式化粪池（图 6-50）。

4）栖居 3.0

（1）基本信息

栖居 3.0 是为我国西部地区设计的高品质、高性能、零能耗、零排放的装配式绿色建筑工业产品（图 6-51）。运用工业化生产的"平台"理念，基于模块化钢结构的基础平台，提供个性化定制设计、快速化施工建造、智能化运维管理。栖居 3.0 不仅可以满足乡村振兴的建设需求，还可以广泛应用于基础设施不足、常规能源匮乏、环境保护严格地区的中小型建筑（图 6-52、图 6-53）。

（2）建筑降碳设计

①模块化设计

栖居 3.0 包含服务模块、被服务模块以及生态模块三大部分（图 6-54）。

服务模块为建筑的正常运行、能源使用与被动调节提供保障，包括设备模块、楼梯间太阳能光伏板以及阳光间模块。

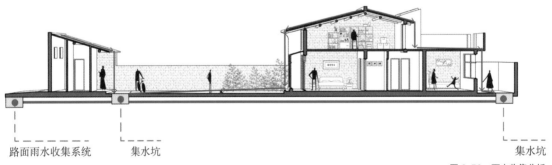

路面雨水收集系统　　　　集水坑　　　　　　　　　　　　　　　　　　　　　　　集水坑

图 6-50　雨水收集分析
图片来源：西安建筑科技大学陕西高校青年创新团队"西北地域绿色建筑研究创新团队"．

图 6-51　项目外观

图 6-52　中庭开启

图 6-53　中庭闭合

图片来源：2021 中国国际太阳能十项全能竞赛栖居 3.0 赛队．

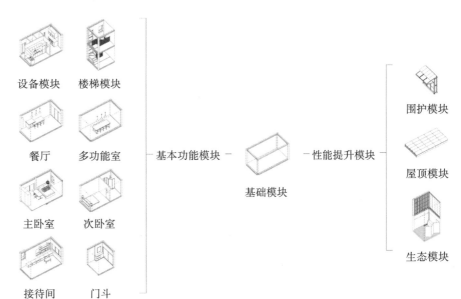

设备模块　楼梯模块

围护模块

餐厅　多功能室 ── 基本功能模块 ── 性能提升模块 ── 屋顶模块

主卧室　次卧室

基础模块

接待间　门斗

生态模块

图 6-54　模块示意图
图片来源：2021 中国国际太阳能十项全能竞赛栖居 3.0 赛队.

被服务模块是日常使用模块，基于模块化的钢结构框架可以扩展多样化的功能。包括接待厅、主卧、客卧、餐厅、多媒体以及入口模块等。用户可以根据自己的需求定制相应的功能。

生态模块的概念源自我国传统四合院中的"庭院"。一方面，向传统建筑文化致敬，唤醒人们的情感；另一方面，提高生活品质，增加采光和通风。室外平台可以被选择用来围绕建筑设置，营造室外景观等。

栖居 3.0 通过用户线上采购模式，实现构件批量生产，适应道路运输，且现场进行模块快速安装，使整个施工过程变得简单。模块尺寸是 6m×3m×3.3m，适用于各种拖车尺寸，能满足高速公路限高要求，可以在高速公路上无障碍运输。

基于模块化设计搭建可视化智慧建造平台，把用户、生产方以及设计方结合到一起，允许用户、生产与建筑设计之间更直接地交互，从而创造新的价值。

②被动式设计

栖居 3.0 采用了被动式阳光间设计。夏季开启阳光间与中庭配合利用热压通风，冬季关闭阳光间储热保温（图 6-55、图 6-56）。

中庭通风策略：在春秋过渡季节，为保证良好的通风效果，根据室外风的流动方向，适时开启或关闭中庭窗户。当室外风为南风或偏南风时，为防止中庭倒灌，此时关闭中庭气流通道，室外风经由迎风面开启的外窗进入室内，经由北向的窗户流出到室外；当室外风为北向或偏北向时，开启中庭窗户，此时室外风经由北向的开启外窗进入室内，然后通过中庭或背风面外窗流出。

冬季

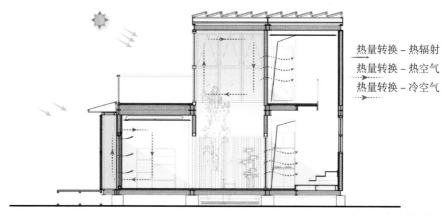

热量转换 – 热辐射
热量转换 – 热空气
热量转换 – 冷空气

图 6-55　冬季空气循环
图片来源：2021 中国国际太阳能十项全能竞赛栖居 3.0 赛队.

夏季

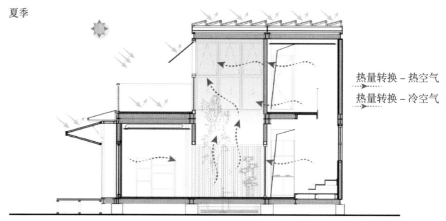

热量转换 – 热空气
热量转换 – 冷空气

图 6-56　夏季空气交换
图片来源：2021 中国国际太阳能十项全能竞赛栖居 3.0 赛队.

③暖通系统

栖居 3.0 以空气源热泵为暖通系统的冷热源，将空调制冷供暖辐射管、新风系统和生活热水一体化集成，实现室内冷热、新风和生活热水全联供。同时通过物联网技术，实现设备的互联互通和智能控制。其中，新风系统全热交换效率达到 75%，显热交换效率达到 80%，有效换气率 99%。

④智能全屋系统

栖居 3.0 采用智能全屋系统对全屋设备进行调控，包含智能灯光、智能窗帘、智能安防、智能门锁、背景音乐、智能断路器，涵盖空调、地暖、新风的智能控制，智能全品类空气实时监测等，实时监测系统的能源消耗。

（3）能源与资源利用

①太阳能能源

栖居 3.0 的能源模块通过太阳能的利用和智能系统的控制，为建筑物提供电能，即使不接入区域电网也能维持建筑物的正常运行（图6-57）。太阳能光伏板材料采用碲化镉，发电能力强，转换效率高，并且也特别适合用在对美观度要求较高的建筑上。

②水循环系统

屋内设计运用水循环系统，屋顶可收集雨水到底层的水箱中，一方面防止雨水泛滥，另一方面储水经过系统净化后可以将灰水进行二次利用，并将黑水进行生态处理（图6-58）。

图6-57　屋顶太阳能光伏板
图片来源：2021中国国际太阳能十项全能竞赛栖居3.0赛队.

图6-58　水循环系统
图片来源：2021中国国际太阳能十项全能竞赛栖居3.0赛队.

③回收再利用

由于采用钢结构,其使用寿命长。且模块化的方式可以快速搭建和拆除,拆除的钢结构模块还可以运输到其他地方继续使用。

6.2.2　城市住宅项目

1）中德生态园被动房推广住宅示范小区——"绿色公元"

（1）基本信息

中德生态园被动房推广住宅示范小区——"绿色公元",是中国被动房居住建筑大面积推广的典型示范（图6-59）。项目位于青岛市中德生态园C-2-06地块,为居住类项目,包含别墅及多层洋房等多类产品,同时配建社区服务中心及配套商业服务网点。得益于被动式相关技术,并最大程度利用可再生能源,该项目减碳明显,相较于75%的节能居住建筑,被动房住宅推广示范小区一期年减碳量约900~1200t。

该项目是全国首批国家级超低能耗建筑系统认证项目,获得两项国家"十三五"课题（"近零能耗建筑技术体系及关键技术开发"和"城市新区绿色规划设计技术集成与示范"）示范项目称号。同时被评为山东省被动式超低能耗绿色建筑示范项目和青岛市超低能耗建筑示范项目。项目区内17栋住宅单体,均已取得德国PHI被动房认证（一楼一证书）、国内绿建二星认证、中国被动式超低能耗绿色建筑认证。1号楼社区服务中心（健身房）被誉为

图6-59　项目效果图
图片来源：中国建筑标准设计研究院有限公司.

全球首个在温和潮湿气候区中按照被动房标准建造的健身房类型建筑，以及全国首例 PHI 被动房示范项目。

（2）建筑降碳设计

围护结构：项目通过高性能围护结构、高性能外门窗、气密性设计、高效热回收新风机组、断热桥施工等技术措施实现超低建筑能耗。

遮阳：窗户配有外遮阳卷帘系统，随着四季太阳光线的强弱而自动升降变化，避免太阳光紫外线直射。

新风热回收系统：采用补风阀解决厨房排油烟室内负压问题。

（3）能源与资源利用

①可再生能源的利用

全区屋面采用太阳能光伏发电系统。光伏发电总装机容量为153.36kWp；年发电量约 18 万 kWh。

地源热泵新风一体机并分户控制。利用地源热泵技术，消耗 1kWh 的能量，用户可得到 4kWh 以上的热量或冷量。地源热泵环境效益显著。其装置的运行没有任何污染，可以建造在居民区内，没有燃烧，没有排烟，也没有废弃物，不需要堆放燃料废物的场地，且不用远距离输送热量。地源热泵一机多用，可综合解决供暖、空调、新风、热水等问题。项目室温稳定维持在业主设定的最适宜温度 20~25℃之间；室内相对湿度常年维持在 30%~60% 的适宜范围区间；新风过滤系统维持室内二氧化碳浓度低于 800ppm；室内 PM2.5 低于 10μg/m³（图 6-60）。

图 6-60 地源热泵
图片来源：中国建筑标准设计研究院有限公司.

②资源节约——全装修理念

项目采用全装修理念建设，在减少不必要的装饰、使用高性能装饰材料的基础上，对房屋的使用功能进行充分分析和预留，最大可能地避免住宅全装修易出现的"千屋一面"、后期改造浪费等问题。

③能耗监测系统

每个单体建筑各单元夹层均设置数据采集器，分别对建筑照明、插座、暖通空调、生活热水和其他用电系统、设备的耗电量进行计量；同时对地源侧热量、暖通空调设备冷冻、冷却侧供回水温度、流量以及供冷供热量进行计量。

2）浙江宝业新桥百年住宅项目

（1）基本信息

浙江宝业新桥百年住宅项目由中国建筑标准设计研究院设计，位于浙江省绍兴市区，东侧有绍兴外国语学校，西侧有景观水系，四周环绕着成熟社区（图6-61）。其开发类型以居住区为主，并配建社区服务用房、物业用房及居家养老服务设施，着力打造高品质宜居社区。其占地面积为41000m²，总建筑面积为135000m²，容积率为2.3，11~18层的住宅共计14栋。住宅实施绿色可持续发展理念，围绕百年住宅核心体系，体现了建设产业化、建筑长寿化、品质优良化和绿色低碳化。

图6-61 浙江宝业新桥百年住宅项目照片
图片来源：中国建筑标准设计研究院有限公司.

（2）在地规划与城市设计

宝业新桥百年住宅的在地性规划设计呼应了周围环境与场地特性。其东侧和南侧是城市道路，西侧则是自然的河道，因此，住区布局与建筑形态要使道路侧建筑空间的噪声等影响尽可能地降到最低（图6-62）。并且住宅与东侧城市街道、西侧自然河系形成共生关系。在城市街道东侧设置交往性开放空间，在中部东西方向设置入口主景观轴线、南北贯通步道轴线及一条滨河景观带，使社区与周边环境自然融合。

连续的街区形象既增强了沿河景观的延续性，又优化了建筑采光，使融入江南水乡色彩与基

图6-62 总平面图
图片来源：中国建筑标准设计研究院有限公司.

调的建筑立面沿河岸线展开。同时设置了多样性的外部空间，解决整个住区的适老、适幼和无障碍等问题。

（3）住宅设计与建造

①装配式集成设计与建造

住宅整体采用装配化建造与新型住宅工业化建筑体系。以装配化建造方式为基础，统筹策划、设计、生产和施工等环节，实现了新型装配式建筑结构系统、外围护系统、设备与管线系统、内装系统一体化建造和高品质部品化集成。通过提高基础及结构牢固度、加大钢筋混凝土保护层厚度、提高混凝土强度等措施，增强了主体结构的耐久性能。

项目中的 4 号楼、7 号楼采用德国引进的西伟德体系，而 8 号楼、10 号楼采用国标体系，即装配整体式剪力墙结构体系（图 6-63）。两种体系均提高了住宅的安全性能、抗震性能和耐久性能，同时采用 SI 体系将建筑支撑体与内装、设备分离，实现了设计一体化、生产自动化以及施工装配化（图 6-64）。

②百年住宅理念和 SI 体系

住宅设计遵循百年住宅理念和 SI 体系，提高支撑体耐久性，延长住宅寿命，同时采用灵活的填充体以适应居住需求变化。项目采用 SI 体系，通过

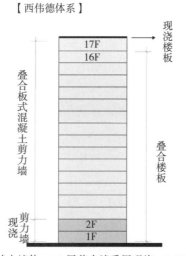

其中墙体：1~2 层剪力墙采用现浇，3~17 层采用叠合板式混凝土剪力墙；楼板：1~16 层均采用叠合楼板，17 层采用现浇钢筋混凝土结构楼板；空调、楼梯梯段：预制；阳台：叠合式阳台；叠合剪力墙 210mm 厚，采用 60+100+50 的划分，外侧的 60mm 和内侧的 50mm 剪力墙部分工厂预制，中间 100mm 厚部分采用现浇。

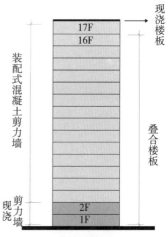

其中墙体：1~2 层剪力墙采用现浇，3~17 层采用装式混凝土剪力墙；楼板：1~16 层均采用叠合楼板，17 层采用现浇钢筋混凝土结构楼板；空调、楼梯梯段：预制；阳台：叠合式阳台；装配式混凝土墙厚 200mm。

图 6-63　西伟德体系和国标体系示意图
图片来源：中国建筑标准设计研究院有限公司．

169

图 6-64　装配式集成设计与建造
图片来源：中国建筑标准设计研究院有限公司．

架空楼面、吊顶和墙体分离建筑骨架与内装、设备，提升了住宅的耐久性、适应性与可更新性。这种设计不仅减少了环境负荷和废弃物，还增强了主体结构的耐久性能，使建筑的设计使用年限达到 100 年以上。

项目从家庭全寿命周期角度出发，采用大空间结构体系，提高内部空间的灵活性与可变性。起居室、餐厅、厨房三者融合成一体化空间，便于家人交流互动，同时无结构墙的设计提高了空间分隔的灵活性（图 6-65）。

③外围护系统与内保温的集成技术

住宅在全面提升建筑外围护性能的同时，也注重其部品集成技术的耐久性，因此，选用在工厂生产的标准化系列部品如外墙板、外门窗、幕墙、阳台板、空调板及遮阳部件等进行集成设计，成为具有装饰、防水、采光等功能的集成式单元墙体。内保温的集成技术解决方案解决了传统外保温方式的耐久性问题，并为墙内侧的管线分离创造了条件。

④部品化全干式工法集成技术

住宅采用全干式工法集成技术，应用了双层墙面、双层吊顶、同层排水、薄型干式地暖等内装系统，以及整体卫浴、集成厨房、系统收纳等品质优良的内装部品模块与集成部品（图 6-66）。采用树脂螺栓的架空墙体，管线完全分离，方便维修更新。这些部品不仅提高了工程质量，还实现了住宅在全寿命周期内的可持续使用和长久价值（图 6-67）。

建筑内部采用分集水器系统，给水分水器采用高性能可弯曲管道，除两端外，管道无连接点，漏水概率小，安全性高，提高了分集水效率的同时降低室内漏水情况，从而延长建筑内部使用年限。在内部电暖中采用薄型电热

图 6-65　空间可变性设计

图片来源：中国建筑标准设计研究院有限公司．

图 6-66　部分部品示意图
图片来源：中国建筑标准设计研究院有限公司.

图 6-67　内装系统集成设计与建造
图片来源：中国建筑标准设计研究院有限公司.

图 6-68　电气、检修系统示意图
图片来源：中国建筑标准设计研究院有限公司.

地暖系统，更薄的供暖模块节省室内净高，同时，电热地暖分户控制升温更快，效率更高，住户还能灵活控制温度，减少多余消耗。

此外，全热式交换新风系统通过 24h 不间断换气，使住宅整体保持新鲜空气流通，采用全热交换器进行换气，即使使用冷热暖气也不易造成能量损耗，为住户提供节能的换气环境。同时，建筑内部的电气系统利用架空层进行管线安装，不将管线埋设于结构主体内，并使用 LED 节能灯，绿色环保，节约能源（图 6-68）。

⑤健康低碳环保材料

建筑内部所有装修建材均采用健康环保材料，包括硅藻泥、E0 级板材（日本标准）等健康材料的应用。客厅、公共过道以及卧室等需要吸附异味、潮湿的空间应用呼吸砖。

3）北京青棠湾公租房项目

（1）基本信息

北京青棠湾公租房项目位于北京市海淀区西北旺镇永丰产业基地，由中国建筑标准设计研究院有限公司设计，总用地约 11hm^2，总建筑面积约 32 万 m^2，共计 25 栋住宅楼，容积率为 2.0，绿地率为 30%，居住套数 3790 套（图 6-69）。

项目以国际先进的绿色可持续住宅产业化建设理念，在全国首次研发实现了新型建筑支撑体与填充体建筑工业化通用体系，并系统落地了建筑主体装配和内装修装配的集成技术，成为北京市首个达到绿色建筑三星级标准和 LEED 金级认证的公租房项目。

图 6-69　北京青棠湾公租房项目照片
图片来源：中国建筑标准设计研究院有限公司.

（2）住区低碳策略

①节能与资源节约

项目在节能方面采用了太阳能生活热水系统和景观光伏发热，产生新的能源价值，同时在建材选择上使用了高效保温材料和高性能门窗，有效降低了能耗。景观采用海绵城市系统，利用雨水回收进行景观灌溉。雨水回收系统和透水性铺装的设计减少了对水资源的依赖，体现了资源节约的环保理念。

②住区规划与城市互动

规划中充分结合地理环境，挖掘基地原有景观特色，规划设计以"建立与城市互动型开放共融式和谐住区，满足多样化生活价值观与不同使用需求，打造与环境共生的节能环保型优质社区"为设计目标（图6-70）。采用开放街区、组团院落、底层架空及住区会客厅等布置方法，营造出丰富宜人的空间尺度，使居民产生亲切感、归属感。

③住区绿色生态体系

项目采用雨水用作室内冲厕、景观绿化、道路浇洒等，实现雨水零排放，降低土地开发对自然系统的干扰，提高水资源利用率。使用本地原产的碎石铺装地面，增强地面透水能力，降低地表温度，缓解社区热岛效应，调节社区微气候（图6-71）。项目引入多层次植物群落及复合绿化体系，木本植物种类多样，提高社区生态多样性，拉近住户与自然的距离。同时利用绿色植物形成屏障，可以有效减缓噪声对住区的影响，犹如一道隔声墙。

图6-70 开放共融式和谐住区
图片来源：中国建筑标准设计研究院有限公司.

④住区生活方式引导

项目在安防系统、室外环境监测及管理、垃圾回收、停车等方面均采用了智能化管理（图6-72）。通过智慧停车系统和鼓励使用公共交通，减少汽车使用，引导社区生活方式向绿色、低碳方向转变。住区交通采用人车分流的方式，机动车辆直接进入地下车库，减少对住区的干扰，步行交通系统实现无缝连接，与公共活动空间、底部架空层、住栋联系廊道一起组成多层次全气候步行体系，最大限度地避免机动车对社区生活环境的干扰，创造和谐、融洽的邻里生活与文化，实现更好品质、更高绿化、更加环保的目标。

（3）住宅低碳策略

①高开放度主体结构体系

项目采用高开放度的主体结构体系——装配式剪力外墙＋大空间体系，结构布置简洁，可用空间规整。外墙采用装配式施工工艺，提升施工效率，节约成本，最大限度地减少套内结构墙体所占空间，为套型内部及套型与套型之间的分合变化提供有利条件，提高内部空间的灵活可变性，满足从青年家庭到老年家庭的多种需求以及不同家庭结构的多样化需求（表6-2）。项目保留套型周边的剪力墙，减少户内的结构墙，以满足套内大空间的设计。同

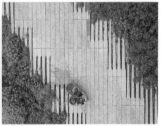

图6-71 住区绿色生态景观设计
图片来源：中国建筑标准设计研究院有限公司.

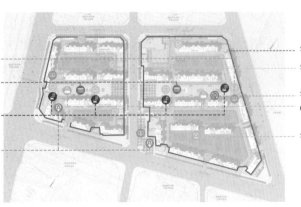

智能信息显示平台

智能快递柜

智能停车管理系统终端站

智能垃圾回收平台布点

智能安防电子围栏系统

智能安防系统

智能室外环境监测站
C4C5地块无线热点站

智能灌溉控制器

图6-72 社区智能化管理
图片来源：改绘自中国建筑标准设计研究院有限公司项目资料.

大空间结构加轻质隔墙体系		表 6-2
	1T3 标准单元	1T4 标准单元
为住户多样化选择提供条件 为家庭全生命周期提供条件 为建筑全生命周期提供条件 为内装工业化提供条件	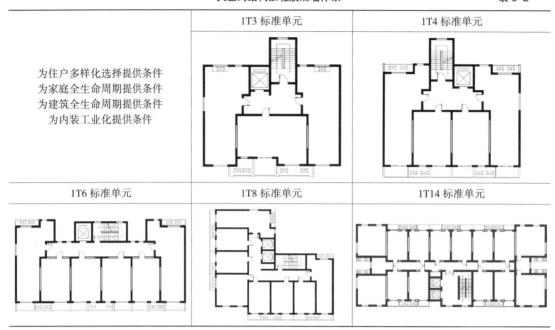	
1T6 标准单元	1T8 标准单元	1T14 标准单元

表格来源：中国建筑标准设计研究院有限公司．

时，施工操作简便、快速、精准，主体结构工艺精细化程度高，全面提高主体质量。

② SI 住宅支撑体与填充体分离体系

项目采用 SI 住宅支撑体与填充体分离体系，增强主体结构的耐久性，形成主体结构系统、外围护系统、设备管线系统和内装系统的集成。尽可能取消室内承重墙体，为填充体及套内空间的灵活可变创造条件，以适应建筑全寿命周期内各阶段所需。同时实现主体结构、内装部品和设备管线三者完全分离，通过前期设计阶段对结构体系的整体考虑，有效提高后期施工效率，合理控制建设成本，保证施工质量与内装模数接口的连接，并方便今后检查、更新和增加新设备（图 6-73）。

（4）设备管线设计

项目采用了高效、环保的管线设计，如烟气直排、同层排水等，暖通空调与新风系统集成智能控制，提高了能效。照明系统采用节能灯光和自动化控制系统，进一步降低了能耗。将设备管井管线结合楼栋公共空间集约化布置，实现建筑、结构和设备的整合设计，并满足日后更新及维护需要。按照标准化一体化设计建设，采用套餐式设计建设方式，达到节材、节能、高效的要求（图 6-74）。

项目套型集约化设计，将厨房、卫生间等用水空间集中布置，便于管线汇集及结构处理；室内避免高差出现，通过安装推拉门及增设扶手等措施解

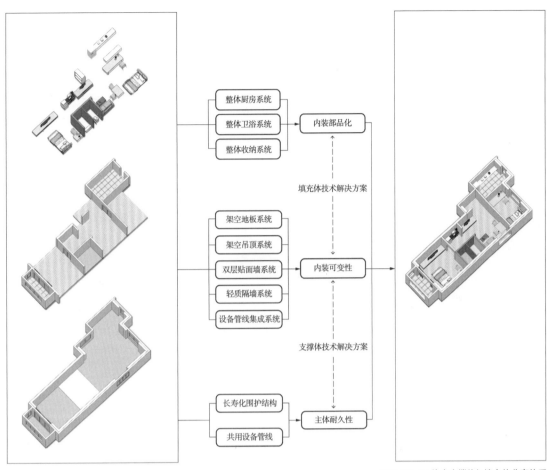

整体厨房系统
整体卫浴系统
整体收纳系统
内装部品化

填充体技术解决方案

架空地板系统
架空吊顶系统
双层贴面墙系统
轻质隔墙系统
设备管线集成系统
内装可变性

支撑体技术解决方案

长寿化围护结构
共用设备管线
主体耐久性

图 6-73 SI 住宅支撑体与填充体分离体系
图片来源：中国建筑标准设计研究院有限公司.

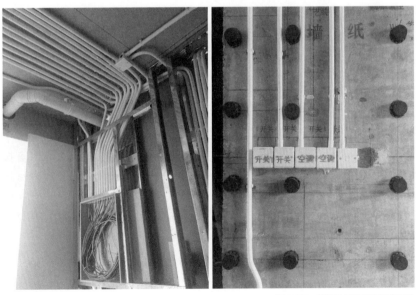

图 6-74 楼栋设备管线集约化设计
图片来源：中国建筑标准设计研究院有限公司.

独立玄关系统，收纳空间的设计，营造归家氛围

增加收纳空间，收纳空间的设置，满足生活需求

轻质隔墙系统，户内均为轻质隔墙的设计，用户可根据不同的需求进行改造

生活阳台，满足日常的晾晒功能

LD式系统，餐厨与客厅的关系更为合理和紧凑，空间复合高效利用。进行厨房工作的同时可以与餐厅、客厅有交流，并可照顾家人及孩子

两分离卫浴系统，管线集中，采用整体卫浴技术，干湿分区，空间集约，杜绝漏水，节约造价

整体单元外形规整，节能性好

图 6-75　项目套型空间设计
图片来源：中国建筑标准设计研究院有限公司 .

决空间使用方便问题；预留条件便于日后安装或更新设备；通过预留增添护理器械所需空间提供日后改造可能性；通过地面铺设防滑材料等措施加强套型安全性（图 6-75 ）。

　　采用套型居住空间精细化设计，每个套型均设置综合性玄关及标准化、模块化的厨房与卫生间，建立全方位收纳系统，并提供多用性居住空间等，提高整体居住质量。

参考文献

［1］　刘加平 . 绿色建筑：西部践行 [M]. 北京：中国建筑工业出版社，2015.
［2］　青木茂 . 美好再生：长寿命建筑改造术 [M]. 予舒筑，译 . 北京：中国建筑工业出版社，2019.
［3］　刘加平 . 绿色建筑概论 [M]. 北京：中国建筑工业出版社，2010.
［4］　杨柳 . 建筑气候学 [M]. 北京：中国建筑工业出版社，2010.
［5］　李涛，李世萍，陈静 . 寒冷地区钢结构模块化住宅的夏季热环境实测分析：以"栖居3.0"为例 [J]. 建筑科学，2023，39（4）：35-43.
［6］　陈慧祯，李岳岩，陈静，等 . 主动式理念下的严寒与寒冷地区建筑被动式设计策略研究：以 SDC2022 作品"栖居3.0"为例 [J]. 当代建筑，2023（S1）：100-104.
［7］　李岳岩，陈静，李涛，等 . 面向西部地区的零能耗装配式建筑设计策略：以 2022 中国国际太阳能十项全能竞赛作品"栖居3.0"为例 [J]. 建筑学报，2022（12）：46-51.
［8］　高博 . 莪子村红砖房 [J]. 当代建筑，2023（2）：116-121.

［9］　杜庆学，刘洋，王宝琪，等."双碳"背景下中德生态园零碳校园建设探索与实践 [J]. 建设科技，2023（22）：35-37.

［10］丁洪涛.从城区维度践行绿色低碳发展的路径研究：以青岛中德生态园为例 [J]. 城市设计，2023（6）：62-69.

［11］孙畅，鞠晓磊，裘俊，等.低碳园区实施路径研究：以青岛中德生态园核心区为例 [J]. 暖通空调，2023，53（S2）：460-464.

［12］杨柳，郝天，刘衍，等.传统民居的干热气候适应原型研究 [J]. 建筑节能（中英文），2021，49（11）：105-115.

［13］何泉，刘加平，杨柳，等.西部农村乡土民居建筑的再生 [J]. 西部人居环境学刊，2016，31（1）：46-49.

［14］刘东卫.浙江宝业新桥风情住区 [J]. 当代建筑，2023（3）：54-59.

［15］刘东卫.宝业新桥风情 [J]. 城市住宅，2021，28（10）：20-22.

［16］郝学，林硕，俞羿.青棠湾公共租赁住房 [J]. 当代建筑，2021（2）：82-87.

［17］青棠湾装配式建筑推动公租房建设转型升级 [J]. 中国住宅设施，2016（Z2）：15-16.

［18］汪芳.查尔斯·柯里亚：国外著名建筑师丛书 [M]. 北京：中国建筑工业出版社，2003.

［19］柯里亚，玉简峰.孟买干城章嘉公寓，印度 [J]. 世界建筑，1985（1）：66-67.

［20］朱宏宇.从传统走向未来：印度建筑师查尔斯·柯里亚 [J]. 建筑师，2004（3）：45-51.

［21］肯尼斯·弗兰姆普敦，饶小军.查尔斯·柯里亚作品评述 [J]. 世界建筑导报，1995（1）：5-13.

［22］王舒媛，周静敏.贝丁顿零碳生态社区可持续设计理念及策略 [J]. 住宅科技，2022，42（5）：58-63.

［23］夏菁，黄作栋.英国贝丁顿零能耗发展项目 [J]. 世界建筑，2004（8）：76-79.

［24］刘东卫，郝学，刘若凡，等.百年住宅可持续设计方法与浙江宝业装配式建筑系统集成建造 [J]. 建筑技艺，2021，27（2）：58-63.

［25］Charles Correa, Kenneth Frampton. Charles Correa[M]. New York：Thames & Hudson，1997.

［26］栗德祥.欧洲城市生态建设考察实录 [M]. 北京：中国建筑工业出版社，2011.